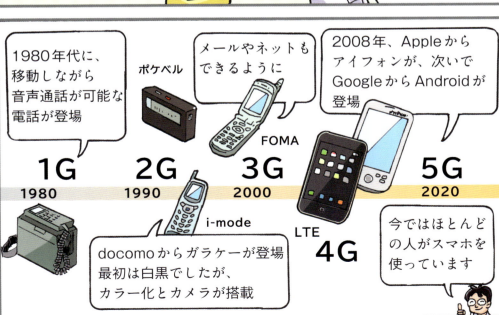

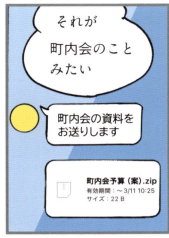

ファイルを開く方法はP.140参照

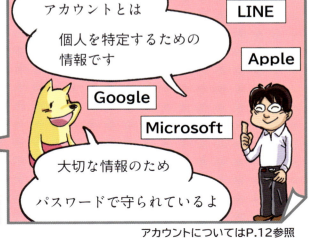

アカウントについてはP.12参照

本書を手に取られたあたなへ

 スマホの困った！から「生活に活かす」第一歩

スマホは、手にしない日がないほど、生活に欠かせない存在となっています。

スマホの登場によって、ライフスタイルは大きく変わりました。

基本的なコミュニケーションや情報収集だけでなく、
映像、音楽、ゲーム、支払いでも大活躍です。
そんなスマホも、便利なことと同じくらい困ることがあります。

そもそも、使い方がわからなかったり、
専門用語がわからなかったり、料金やコミュニケーション、安全性についても、
疑問や不安を感じる方は少なくないのではないでしょうか。

疑問はなくても、スマホを使っていると言うより、
スマホに使われている、振り回されていると感じることもあります。

そんな、スマホの苦手な方から実際にあった「なんで？」の疑問と
スマホに振り回されないようにするための答えを1冊にまとめたのが本書です。

図や絵、漫画も豊富に盛り込み、
目で見て理解しやすく楽しめる工夫をこらしています。

また、主に初心者向けとなっていますが、
スマホができる方が初心者や苦手な方に対して
「教えるコツ」も入れてあります。
この「教えるコツ」は、初心者の方・苦手な方が理解度を深めるのにも役立ちます。
何度も読み返すことで、いつのまにか教える立場になることができる、とっておき
の内容です。

本書を家族や友人で読み合い、スマホの困った！を解決することで
スマホに振り回されずに、楽しく魅力的な道具として使っていただけるようになり
ます。もし気に入ったら、最低7回は熟読し、家族や友達、地域の図書館にプレゼ
ントしてください。

最後に、本書誕生の機会をくださった技術評論社、
もう一人の著者とも言える編集担当の大和田さん、
デザイナー、印刷、製本、営業、販売、貸出を担ってくれたすべての方々、
そして手に取ってくださった読者の皆さまに、心から感謝申し上げます。

本書を通して、あなたとご家族や友人に幸せが届くことを願って。

なお、本書にはQRコードなどの記載がありますが、
公共図書館の利用者が使用できる状態で閲覧・貸出の提供も可能です。

もくじ

第1章 TOP10！よくある「困った！」「わからない！」に答える

01 アカウントがわからない！パスワードを忘れた！ …… 12
02 スマホをうまく操作できない！押しても反応しない！ …… 16
03 ウイルスに感染？身に覚えのない請求が来た！ …… 18
04 迷惑メールが多すぎる！ …… 20
05 画面を撮影して友人に助けてもらうには？ …… 22
06 文字のコピーと貼り付けがうまくできない！ …… 24
07 「○○を許可しますか?」「更新してください」への対処を教えて！ … 26
08 Wi-Fiに接続するには？ …… 32
09 スマホの音が大きすぎる！ …… 34
10 消えてしまった通知をもう一度見たいんだけど？ …… 36

Contents

第2章 スマホの「困った！」「わからない！」に答える

- 01　スマホの疑問は誰に聞けばよい？ …………………………… 40
- 02　AndroidとiPhoneは何がちがう？ …………………………… 42
- 03　スマホはどんな部品からできているの？ …………………… 44
- 04　何を基準にスマホを選べばよいの？ ………………………… 46
- 05　安いスマホと高いスマホ、何がちがうの？ ………………… 48
- 06　携帯通信会社（キャリア）は、どこがおすすめ？ ………… 50
- 07　スマホ画面の名称を教えて！ ………………………………… 52
- 08　ホーム画面を使いやすくしたい！ …………………………… 56
- 09　画面がすぐに暗くなる！ ……………………………………… 60
- 10　画面がくるくる回転する！ …………………………………… 62
- 11　スマホの文字は大きくならないの？ ………………………… 64
- 12　スマホを音声で操作できるって本当？ ……………………… 66
- 13　今月の通信量はどこでわかるの？ …………………………… 68
- 14　スマホの料金を見直したい！ ………………………………… 70

3

もくじ

第3章 通話と入力の
「困った！」「わからない！」に答える

- 01　電話のかけ方を教えて！ ……………………………… 74
- 02　着信の確認方法は？ …………………………………… 76
- 03　着信を拒否する方法は？ ……………………………… 78
- 04　「連絡先」はどこにあるの？ …………………………… 79
- 05　スマホを持たずに通話できるの？ …………………… 80
- 06　文字の入力がうまくできない… ……………………… 82
- 07　「ヴ」「っ」「@」の入力方法は？ ……………………… 84
- 08　半角文字と全角文字は、どんなときに使い分けるの？ … 85
- 09　音声では入力できないの？ …………………………… 86
- 10　入力の履歴を消したい！ ……………………………… 88

第4章 アプリの
「困った！」「わからない！」に答える

- 01　スマホにアプリを追加する方法を教えて！ ………………… 90

4

Contents

02	アプリとホームページのちがいは何？	92
03	アプリの選び方を教えて！	94
04	日々の生活に役立つアプリを教えて！	96
05	学びや娯楽を楽しめるアプリを教えて！	100
06	アプリストアで目的のアプリが見つからない！	104
07	不要なアプリは削除できるの？	106
08	毎月、Googleからの引き落としがあるんだけど？	108
09	アプリのアイコンが見つからない！	110
10	アプリの操作方法がわからない！	112

第5章 コミュニケーションの「困った！」「わからない！」に答える

01	メール？ SMS ？どのアプリで連絡すればよいの？	116
02	メールの使い方を教えて！	120
03	知らない人から連絡が来た・友達申請が届いた！	124
04	写真やホームページを友人と共有したい！	126
05	写真を近くの人に送りたい！	128
06	今いる場所を家族や友人と共有したい！	130
07	LINEの上手な使い方を教えて！	132

もくじ

08 メールやメッセージを送るときのマナーを教えて！ ……… 138

09 メールやメッセージに添付されたファイルを開くには？ …… 140

10 ビデオ通話って何？どうやって始めるの？ ……………… 142

第6章 ホームページ・検索・買い物の「困った！」「わからない！」に答える

01 ホームページが表示されないのは通信速度のせい？ ……… 146

02 URLって何ですか？ …………………………………… 148

03 QRコードからホームページを見るには？ ………………… 149

04 よく見るホームページを登録したい！ …………………… 150

05 検索しても、情報を見つけられないんだけど… ………… 152

06 スマホでもAIが使えるの？ ……………………………… 154

07 ネットショップ・オークション・フリマは、何がちがうの？ …… 158

08 どうやって商品を探して買えばよいの？ ………………… 160

09 旅行や電車の予約はどうやってするの？ ………………… 162

10 ネットショップや予約サイトの注意点は？ ……………… 164

11 クレジットカードを使わないと買い物できないの？ ……… 166

Contents

第7章 写真・動画・音楽・ファイルの「困った！」「わからない！」に答える

01	写真を上手に撮影するコツは？	170
02	写真はどこに保存されるの？	172
03	「フォト」アプリの使い方を教えて！	173
04	写真を編集したい！	174
05	写真に写っているものの名前を調べられるって本当？	178
06	クラウドって何？	180
07	写真やファイルが見つからないんだけど…	182
08	スマホで撮影した写真をパソコンに入れられる？	184
09	スマホで文書作成はできないの？	186
10	写真やファイルをまちがって削除してしまった！	188
11	スマホで音楽を楽しむには？	190

もくじ

第8章 スマホライフと周辺機器の「困った！」「わからない！」に答える

01 スマホの周辺機器にはどんなものがあるの？ ……………… 194
02 スマホから印刷できるの？ ……………………………………… 198
03 スマートウォッチやスマートスピーカーと連携するには？ …… 200
04 スマホ決済は、本当に便利なの？ …………………………… 202
05 マイナンバーカードや保険証の使い方は？ ………………… 206
06 スマホで確定申告ができるって本当？ ……………………… 208
07 緊急時や災害時にスマホを活用するには？ ………………… 210

第9章 安全とセキュリティの「困った！」「わからない！」に答える

01 パスコード？指紋認証？顔認証？どれがよいの？ ………… 214
02 スマホが壊れる原因は？スマホカバーって必要？ ………… 216
03 スマホをなくしても見つけられるって本当？ ………………… 218
04 スマホのデータをバックアップ・引っ越しするには？ ……… 220

8

Contents

05 古いスマホはどうやって捨てるの？ ················· 225

06 ウイルスが心配！セキュリティアプリは必要？ ············· 226

07 インターネットに書かれていることは正しいの？ ············ 228

08 子どもにスマホを渡すときの注意点は？ ·············· 230

09 ロック No を忘れて、ロックを解除できない！ ············ 232

10 アカウントが乗っ取られた？どうすればよい？ ··········· 234

【免責】

本書に記載された内容は、情報の提供のみを目的としています。したがって、本書を用いた運用は、必ずお客様自身の責任と判断によって行ってください。これらの情報の運用の結果、いかなる障害が発生しても、技術評論社および著者はいかなる責任も負いません。

本書記載の情報は、2025年3月現在のものを掲載しています。ご利用時には、変更されている可能性があります。OSやアプリ、webページの画面は更新や変更が行われる場合があり、本書での説明とは機能や画面などが異なってしまうこともあり得ます。OS、アプリ、webページ等の内容が異なることを理由とする、本書の返本、交換および返金には応じられませんので、あらかじめご了承ください。

以上の注意事項をご承諾いただいた上で、本書をご利用願います。これらの注意事項に関わる理由に基づく、返金、返本を含む、あらゆる対処を、技術評論社および著者は行いません。あらかじめ、ご承知おきください。

■本書に掲載した会社名、プログラム名、システム名などは、米国およびその他の国における登録商標または商標です。なお、本文に™マーク、®マークは明記しておりません。

登場（犬）人物紹介

たくさがわ先生

8月29日生まれ　人（雑種）男
好きな言葉：感謝
新しいサービスがあるとすぐに使ってみる癖がある。よく本から登場する。

どんこさん

3月11日生まれ　犬（雑種）・女の子
好きな食べ物：チーズ
パソコンを勉強していたら、いつのまにか先生のアシスタントに。はらまきを付けている。

ヒサさん

地方の田舎に住むシニア。パソコンはほとんど触れたことがない。町内会の会計役になることに。わからないことがあると「息子」に聞くが、遠くに住んでいるためなかなか聞けない。トホホ

家族と仲間たち

ヒサさんを温かく見守っている家族と近所のチワワのこまち。

第 1 章

TOP10！
よくある
「困った！」「わからない！」
に答える

もはや、生活になくてはならないものになったスマホ。便利なのは
わかるけど、電話とメールだけではもったいないと感じている人も
少なくないでしょう。もっといろいろ使ってみたいけど、「アカウ
ントって？」「そもそもうまく動かせない…」「セキュリティが心配！」
など、わからないことが多くて便利な機能に手を出せないでいる。
そんな、はじめてスマホを手にした人や操作に自信がない人のよく
ある疑問を、TOP10にまとめました。スマホへの不安を自信に変
えて、生活をもっと豊かに、楽しくするヒントを見つけてください！

TOP10 01 アカウントがわからない！パスワードを忘れた！

アカウントは、あなたを見分けるために必要な情報のことです。

スマホでアプリやサービスを利用する際に特に多いのが、このアカウントについての疑問です。アカウントは、**あなたを「サービスを受けるユーザー」として認識するために必要な情報**です。サービスを利用するたびにアカウントへのログインが要求されるため、見かけることも多いでしょう。

利用するサービスやアプリが多いと、それだけアカウントも増えることになります。アカウントは本人であることを証明する大切な情報なので、パスワードで保護されています。アカウントとパスワードをしっかり管理しないと、不正利用に結びついたり、サービスが利用できなくなったりするので注意が必要です。まずは以下のような**アカウントに関連した言葉**を知っておくことで、いざというときの「困った！」を減らしましょう。

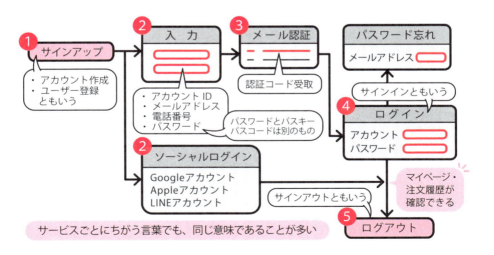

サービスごとにちがう言葉でも、同じ意味であることが多い

第1章 TOP10！よくある「困った！」「わからない！」に答える

アカウントの登録と管理方法

 アカウントの登録がうまくいかないんだけど…

サービスに自分の**アカウントを登録することを、サインアップ**と言います。サインアップするには、メールアドレスまたは携帯電話番号を入力し、届いたメッセージから登録するか、認証コードを登録画面に入力します。うまくいかない場合は、入力した内容がまちがっている可能性が高いです。**項目の下に失敗の理由が表示される**ので、確認しましょう。アカウント登録時には、次の点に注意が必要です。

メールアドレス	まちがいがないか、繰り返し確認しよう
アカウント名 （ユーザーID）	多くの場合、英数字で入力する。メールアドレスと同じ場合もある
パスワード	多くの場合、8文字以上で入力する。英語の大文字、小文字、数字、記号を混ぜる必要があることも多い
セキュリティ認証	指示に従って記号を入力するか、写真を選ぶ

 パスワードは変える必要があるの？

複数のアカウントを持っていると、それだけたくさんのパスワードが必要になります。面倒だからと**同じパスワードを使い回していると**、1つのサービスのパスワードが流失した場合に、**他のアカウントも悪用されてしまう**恐れがあります。できれば、サービスごとに異なるパスワードを設定しましょう。アカウントごとにちがうパスワードを設定するコツは、P.235で詳しく解説しています。また、以下のように予測しやすいパスワードは使わないようにしましょう。

生年月日／12345678／QWERTY／PASSWORD／1q2w3e4r

アカウント管理のコツ

 アカウントが多すぎて覚えきれません。どうやって整理すればよい？

利用中のサービスが増えてくると、アカウントの数も増えていきます。そこで、アカウントの上手な管理方法を紹介します。

■ アカウント管理の基本
アカウントの情報は、**「サービス名」「アカウント名」「パスワード」をセットにして管理**するようにしましょう。他にも、登録日や「秘密の答え」があれば一緒にメモしておきます（裏表紙のそでを参照）。

■ ソーシャルログイン
サービスの中には、**GoogleやLINEのアカウントを使ってログイン**できる**ソーシャルログイン**があります。アカウントの数を減らせる一方、登録に利用したソーシャルアカウントを忘れたり、悪用されたりする危険もあります。どのサービスに、どのソーシャルアカウントで登録したのか、メモに残しておきましょう。

■ リスクと復旧のしやすさに応じて管理方法を変える
以下の表を参考に、アカウントやパスワードが流出した場合の**リスクと復旧の難しさに応じて管理方法を変える**のがおすすめです。

財産がなくなるなどのリスクが高いもの パスワードの復旧がたいへんなもの 例) 銀行・クレジットカード・JR や交通機関など	持ち運びしないノートなどにメモし大切に保管しましょう
よく使うサービス・復旧が少々難しい 例) メールサービス・SNS・Microsoft アカウントなど	スマホとは別の端末（パソコンなど）でパスワードを管理
リスクが低い・復旧がかんたんなもの 例) 配送チェック・花の写真・アルバム作成など	神経質に管理せず、パソコンに付箋で貼るなどでも OK

アカウントのパスワードを忘れた場合はどうするの？

アカウントのパスワード忘れの原因の1つに、メモの書きまちがえがあります。パスワードを書いたメモに大文字と小文字が混ざっていたり、o（小文字のオー）や0（数字のゼロ）、1やl（小文字のエル）やi（小文字のアイ）など、**混同しやすい文字が含まれていたり**する場合にありがちです。

また、メモした内容は正しいのに、それを入力するときにまちがえている場合もあります。パスワードは、入力した文字が＊で隠されることがあるため、**「ドキュメント」や「メモ」アプリに一度入力し、正しく入力できているかどうか確認**してみましょう。まちがいなければ入力した文字をコピーして、パスワードの入力欄に貼り付けます。

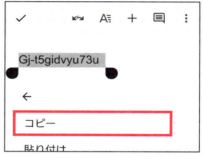

「ドキュメント」や「メモ」アプリにパスワードを入力する。まちがいがなければコピーし、パスワード欄に貼り付ける

それでもログインできない場合やパスワードを忘れてしまった場合は、ログイン画面にある「パスワードを忘れたら」から、パスワードの再設定を依頼しましょう。登録時の携帯電話番号やメールアドレス、スマホ、または**トークンと呼ばれるアプリまたはカード型の小型の端末を使って復旧**することもあります。

「パスワードの再設定」や「パスワードを忘れたら」をタップする

パスワードは、アカウント登録時にメモに残して大切に控えておこう。

02 スマホをうまく操作できない！押しても反応しない！

スマホをうまく操作するコツは、正しく押すことと、ちょっとしたコツを知っておくことです。

スマホがいうことをきかない、思うように操作できないという悩みは多いです。これは、ちょっとしたコツを知っておくと意外にうまく操作できるようになります。まずは、基本中の基本の操作方法を知っておきましょう。

■ **スマホを操作する前に**

スマホ操作の基本である、指での操作方法の名称を知っておきましょう。指でうまく押せない場合は、タッチペンの利用もおすすめです。

スマホがうまく動かない原因

スマホがうまく動かない場合、使い慣れていない人は**「自分の操作が悪い」と思いがち**です。しかし、**以下のようにスマホの側に原因がある**こともあります。過度に自分の操作が悪いと思わないようにしましょう！
また、電源を一度切って、再度電源を入れてみると、正しく動くようになることも多いです。

■ 回線が遅い／インターネットにつながっていない

スマホの回線速度が遅い、**インターネットにつながっていない**、月の使用量（ギガ）を使い終えているといった場合に、正しく動いていないように感じることがあります。電波状況のよい場所に移動したり、Wi-Fiに接続したり（P.32）、契約の見直しを検討したりしましょう（P.50）。

■ バッテリーが少ない

回線とバッテリーの状況は画面上部のステータスバーで確認できる

スマホのバッテリーが少なくなっていると、動作が不安定になり、うまく動かない原因になります。充電をしてから、あらためて操作してみましょう。

■ アプリやOSの更新

アプリやOS（Android／iOS）を更新していないと、スマホが正しく動かなくなることがあります。必要な更新がないかどうか、確認してみましょう。詳しくは、P.29を参照してください。

■ 液晶のヒビ

スマホの液晶にヒビがあると、その部分がうまく操作できないことがあります。**スマホカバーや液晶カバーを使って、あらかじめ保護**しておくようにしましょう。

TOP10 03 ウイルスに感染？ 身に覚えのない請求が来た！

詐欺です。表示された電話やボタンには触れずに、スマホの電源を切りましょう！

あたかもウイルスに感染したかのように、スマホに**ウソのメッセージを表示し、電話をかけさせる「サポート詐欺」の被害が多発**しています。「ウイルスに感染した」とか「振込が必要」といったメッセージが表示されたら、心理的な隙や誤操作を突いてくる詐欺と思ってまちがいありません。まずは**心を落ち着かせて、スマホの電源を切りましょう**。お茶を1杯飲んで、P.40の人たちに相談してみましょう。

ウイルス感染を装う詐欺の手口

スマホもウイルスに感染するの？

スマホでも、パソコンと同じく**ウイルス感染の可能性はあります**。スマホがウイルスに感染すると、**個人情報やクレジットカード**などの情報が盗み取られたり、**SNSのアカウント**を乗っ取られたりするなどの被害につながります。また、他の対象を攻撃する踏み台になってしまうこともあります。多くのスマホには、**セキュリティアプリがあらかじめインストールされています**。アプリの一覧から、セキュリティアプリが入っているかどうか確認しましょう。入っていなければ、docomoやau、SoftBankといった携帯通信会社のショップでインストールしてもらいましょう。

スマホのセキュリティアプリ「あんしんセキュリティ」

第1章 TOP10ーよくある「困った！」「わからない！」に答える

18

悪者の手口を知っておく

 セキュリティアプリが入っていたら安心ね！

残念ながらセキュリティアプリが入っているからといって、**安心はできません。なりすましやフィッシング詐欺**といった、セキュリティアプリでは防げない手口も多くあるからです。悪者の手口を知っておき、疑う気持ちを持ちながらスマホライフを楽しみましょう。

■ なりすまし

友人や家族になりすまして、個人情報や物品、お金を得ようとする手口です。有名人になりすまして投資へ誘導する詐欺、子どもを手なずける**グルーミング**、外国人になりすました**ロマンス詐欺**など、手法はさまざまです。

■ フィッシング詐欺

銀行やショッピングサイトを**装ったメッセージや広告を表示して偽のサイトに誘導**し、IDやパスワード、金銭を盗み取る手口です。本物に似せて作られているため、見た目だけではわかりません。**メッセージ内のリンクからアクセスせず**、検索からアクセスする習慣をつけましょう。

■ ダークパターン

ユーザーの**不利益になる選択肢を大きく表示して、有料の契約やアプリのインストールに誘導する手口**です。

■ 通信回線の乗っ取り

通信回線を乗っ取り、個人情報を悪用して契約内容を変更してしまう手口です。急にスマホが使えなくなったら、乗っ取りの可能性を考え、携帯回線会社や警察に相談しましょう。

 **スマホに表示される「ウイルスに感染」メッセージは、本当かどうか疑ってかかろう。**

1-03　ウイルスに感染？　身に覚えのない請求が来た！

TOP10 04 迷惑メールが多すぎる！

原因として、サービスを利用した際に、メールアドレスが流出したことが考えられます。

スマホでメールを長く使用していると、だんだん増えてくるのが迷惑メールです。最近はメールだけでなく、SNSのメッセージから届くことも増えてきました。**迷惑メールはスパムメール**とも呼ばれ、詐欺やニセのホームページへ誘導する悪質なものも少なくありません。迷惑メールが増えてくると、**大切なメールを見落とす原因**にもなります。また、一度流出したメールアドレス宛には大量の迷惑メールが届くようになり、その情報を消すことは不可能です。迷惑メールを増やさないためには、事前の対処が大切です。

大量の迷惑メール・詐欺メール　　　銀行を騙ったメッセージ

迷惑メールの対処方法

迷惑メールの対処方法には、次のようなものがあります。

■ セカンドメールアドレスを取得する

メインで使用しているメールアドレスの他に、**セカンドメールアドレスとして無料のメールアドレスを取得**する方法です。ネット上での買い物やサービスの登録は、すべてこの無料メールのアドレスを使います。無料メールのサービスとしては、**Gmail（ジーメール）がおすすめ**です。**迷惑メールの振り分け機能が優秀**で、ほとんどの迷惑メールを防止してくれます。複数のGmailアカウントを作成することもできます。

迷惑メールや詐欺メールを取り除いてくれるGmail

■ 広告メールの購読を解除する

インターネットで買い物をすると、そのお店に自分のメールアドレスが登録され、かなりの頻度で広告メールが届くようになります。広告メールの多くには**メッセージ内に解除の手順が書かれている**ので、不要な**広告メール**は購読を解除しましょう。

メッセージ下部のリンクから購読を解除できる

■ メールを使わない

ビジネスでメールを利用している場合は難しいかもしれませんが、個人用途であれば、**連絡手段を「LINE」や「メッセージ」アプリに変更すれば**問題ありません。詳しくは、5章を参照してください。

買い物やサービスの登録には、Gmailなどの無料メールアドレスを使おう。

TOP10

05 画面を撮影して友人に助けてもらうには？

電源＋音量ボタンを同時に押して、スマホの画面（スクショ）を送って助けてもらおう！

スマホでわからないことがあった場合、口頭や文字だけで伝えるのは難しいです。そこで、スマホの画面を撮影して家族や友人に送り、助けを求めることができます。スマホ画面を撮影したデータのことを、スクリーンショット、略してスクショと言います。機種によってやり方はちがいますが、多くの場合、次の方法でスクショを撮ることができます。

手順 ①
スマホの電源ボタンと音量を下げるボタンを同時に押す。または、電源ボタンと音量を上げるボタンを同時に押す。

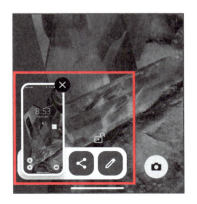

手順 ②
画面が撮影されて、「フォト」アプリに保存される。

撮影したスクショをメッセージやメールで送る

 撮影したスクショは、どうやって送るの？

撮影したスクショは、「LINE」「+メッセージ」などのメッセージアプリを使って家族や友人に送ります。

手順 ①
「LINE」「+メッセージ」「メッセージ」アプリのいずれかを開く。

手順 ②
送りたい相手をタップする。

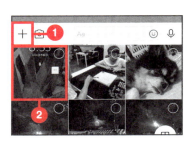

手順 ③
「+」をタップし①、送りたいスクショをタップする②。「紙飛行機マーク（送信）」をタップすると、相手に送信できる。

 コラム SNSのメッセージ機能やメールを使って送ることもできる

メッセージアプリではなく、SNSのメッセージ機能やメールを使ってスクショを送ることもできます。その場合は、📎（クリップ）のマークをタップし、「ファイルを添付」でスクショの画像を選択し、送信します。

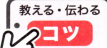
スクショの撮り方を覚えて、メッセージアプリやSNSで助けてもらおう！

TOP10 06 文字のコピーと貼り付けがうまくできない！

コピーも貼り付けも、文字や入力欄を長押しすることで利用できます。

コピーと貼り付け（ペースト）は、一度入力した文字や他の人が入力した文字をコピーし、別の場所に貼り付けて使い回す方法です。**同じ内容を入力する手間をなくせる**ので、とても便利です。コピーと貼り付けは、**文字だけでなく、画像でも行えます**。操作を飛ばすと同じようにできないので、繰り返し練習しましょう。

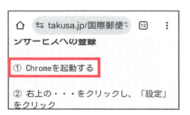

手順 ①
コピーしたい文字を長押しする。

手順 ②
文字の前後に●のマークが表示される。マークを移動して、コピーする範囲を選択する。失敗したら、もう一度手順①からやり直す。

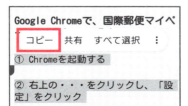

手順 ③
「コピー」をタップする。

手順 ④

貼り付けたいアプリを起動する。ここでは「＋メッセージ」アプリを起動し、入力欄で長押しする。

手順 ⑤

「貼り付け」をタップする。

手順 ⑥

コピーした内容が貼り付けられる。「紙飛行機マーク（送信）」をタップして送信する。

コラム 選択マークが表示されない

一部のアプリでは、長押しした後に選択の●マークが表示されないものがあります。このようなアプリでは画面の上部や吹き出し内に「コピー」のボタンやメニューが現れますが、部分的なコピーができません。この場合は、いったんすべてをコピーして、別のアプリに貼り付けた後に不要な文字を消すようにします。

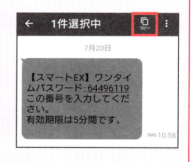

コピーと貼り付けをスムーズにできるように練習しよう。

1-06　文字のコピーと貼り付けがうまくできない！

TOP10 07 「〇〇を許可しますか？」「更新してください」への対処を教えて！

メッセージが表示されるのは、どうすればよいかをスマホが判断できず、あなたからの指示を待っているからです。

スマホを使っていて困るのが、**画面にいきなり表示されるメッセージ**でしょう。このメッセージは、スマホが自分では何をすればよいのか判断できない場合に表示されます。あなたが**指示をするまで**、スマホは**作業を中断して待っている**のです。そのため、提示された選択肢の中から何をするかを自分で選ぶ必要があります。

メッセージが表示されたら、**まずはメッセージの内容を読んでみましょう**。メッセージをしっかり読んでおけば、次に似たメッセージが表示されたときに対処できるようになります。メッセージの内容を理解できれば、その指示に従って操作を行います。意味がよくわからない場合は、絵柄や今までの経験をもとに、いずれかのボタンや選択肢を選んでタップします。読んでもよくわからないメッセージは、**普段スマホを使う分には影響がない**ことも多いので、**深刻に受け取らず**に対処するのがコツです。

■ メッセージの対処方法の大まかな流れ

メッセージの対処方法

 メッセージの具体的な対処方法を教えて！

スマホにメッセージが表示されたときは、メッセージの内容をよく読んで、状況に応じてどのボタンをタップするか判断します。このとき、「自分が何をしたいか？」によって選択する内容が変わってきます。次のヒントを参考に、タップするボタンを選んでみましょう。

■ **メッセージの内容が自分には不要な場合／わからない場合**
「×」(閉じる)「後で」「許可しない」「スキップ」「キャンセル」「終了」などをタップして、何も行わないのが安全です。メッセージを消して、現状を維持することができます。

■ **メッセージに関するアプリやサービス、機能をできれば使いたい場合**
「サインインしないで使用」「→」「次へ」などをタップします。これらをタップしないと、先に進みません。

■ **メッセージに関するアプリやサービス、機能を必ず使いたい場合**
「規約に同意して利用を開始」「ダウンロード」「許可」「アップデート」などをタップします。通常は、この選択を行って問題ありません。

なお、メッセージに複数の選択肢がある場合は、内容をよく確認して選びましょう。まれに、**利用者にとって不利益な選択肢が強調されている**ことがあるので注意が必要です（P.19参照）。また、**チェックボックスにチェックが入っていると、同意するという意味**になります。例えばメールマガジンの購読や、パスワードの記録などがあります。不要な場合は、タップしてチェックを外しましょう。

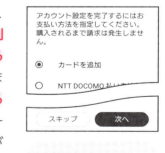

支払方法を選択する画面。スキップでもよい

1-07 「○○を許可しますか？」「更新してください」への対処を教えて！

その他のよくあるメッセージ

スマホでよく表示されるメッセージには、その他に次のようなものがあります。それぞれの対処方法のヒントをご紹介します。

■ このデバイスの位置情報へのアクセスを「地図アプリ」に許可しますか？

アプリの初回起動時にアプリがスマホの機能を使うことを許可するかどうかを選択します。地図やカーナビ、カメラなどのアプリを利用する場合に表示されます。**位置情報が必要なアプリの場合は「アプリの使用時のみ」許可する**のがおすすめです。**位置情報が必要ないアプリでは、「許可しない」**を選びます。

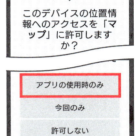

地図アプリなので「アプリの使用時のみ」を選択しよう

■ 通知の送信を○○○に許可しますか？

基本は、「許可しない」「ブロック」で問題ありません。「メッセージ」アプリや「LINE」など、通知を見逃したくない場合は「許可」を選んでもよいでしょう。

■ デフォルトとして設定してください

「**デフォルト**」とは「**主に使う…**」といった意味です。同じ役割のアプリが複数入っている場合に、このアプリを「主に使うアプリ」に設定するかどうかを判断します。一度設定した「主に使うアプリ」を変更したい場合は、**「設定」アプリの「アプリ」→「標準のアプリ」**の順にタップします。

ショートメールを「＋メッセージ」か「メッセージ」のどちらで受信するかを選ぶ

アップデート（更新）のメッセージ

「アプリのアップデートをして」と表示されるんだけど…

アプリやOS（Android／iOS）は、不具合を修正したり、最新の技術に対応したりするために更新（アップデート）が必要なことがあります。アプリの**アップデートがないか**どうかを**日々確認**して、アップデートがあれば行っておくのがよいでしょう。アップデートがあるとアプリやスマホの起動時にメッセージが表示されるので、**「アップデート」や「ダウンロード」**をタップしましょう。

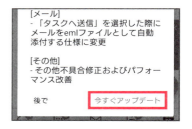

「アップデート」または「ダウンロード」をタップする

アプリのアップデートの確認方法は、以下の通りです。アップデートは、通信環境がよい場所やWi-Fiに接続した環境で行うのがおすすめです。

手順 ①
「Playストア」（iPhoneの場合は「App Store」）をタップする。

手順 ②
右上のアカウントマークをタップする。

手順 ③
「アプリとデバイスの管理」をタップする（Androidのみ）。

1-07　「○○を許可しますか？」「更新してください」への対処を教えて！　29

手順 ④

「すべて更新」(iPhoneの場合は「すべてをアップデート」)をタップする。

OSのアップデートも必要なの？

アプリと同様、OSも最新の状態にアップデートしておくのがおすすめです。OSのアップデートは時間がかかるので、スマホを電源に接続してから行うようにします。

手順 ①

「設定」アプリをタップして、「システム」(iPhoneの場合は「一般」)をタップする。「システム」が見つからない場合は、左上の「←」を繰り返しタップする。

手順 ②

「システムアップデート」(iPhoneの場合は「ソフトウェアアップデート」)をタップする。続けて、「アップデートをチェック」をタップする。

手順 ③

「ダウンロードとインストール」をタップする。

「容量がいっぱい」と表示された

「容量がいっぱいです。追加してください」と表示されるんだけど…

このメッセージが表示される原因としては、スマホ内の容量がいっぱいになっている、**クラウドの保存容量がいっぱい**になっている、**決められた月の通信量を超えている**、などが考えられます。この中でもっとも多いのが、「クラウドの保存容量がいっぱいになっている」場合です。AndroidならGoogleドライブ、iPhoneならiCloudの保存領域がいっぱいになっています。**撮影したすべての写真をクラウドに保存させる設定（カメラアップロード）**になっていると、容量がいっぱいになり、このメッセージが表示されることがあります。設定をオフにしてもクラウド上には写真が残るため、**クラウドの保存容量を追加する月額プランに加入するか、クラウド内のファイルを削除する**必要があります。具体的な方法は、P.180を参照してください。

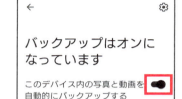

「フォト」アプリ右上の「アカウント」→「バックアップ」→「バックアップはオンになっています」で、保存させる設定の有効／無効を切り替えられる

悪意のある広告

無料で使えるアプリの使用中に、いきなりメッセージが表示されることがあります。これはスマホからのメッセージではなく、**アプリ内の広告**が表示されたものです。そこから**不正なアプリや詐欺に誘導**するものもあるので、十分に気をつけましょう。広告が表示されたら、閉じるボタンや「キャンセル」をタップします。

広告画面の左上に「×」（閉じる）がある。右上にある小さな「！」が、広告であることを示している

08 Wi-Fiに接続するには？

Wi-Fi（ワイファイ）は、無線化されたインターネット回線です。無線LANという呼び方もあります。

Wi-Fiは、**インターネットの通信を無線で行う規格**で、自宅や外出先で使用することができます。自宅のWi-Fiに接続すれば、**携帯通信会社のデータ通信量を節約**できます。外出先でも、公共施設やカフェ、宿泊施設など、多くの場所でWi-Fiを利用できます。Wi-Fiには、以下の方法で接続します。

手順 ①
「設定」アプリをタップする。前回開いた画面が表示されたら、左下の「←」「＜」や右上の「←」をタップする。

手順 ②
「ネットワークとインターネット」（iPhoneの場合は「Wi-Fi」）をタップする。

手順 ③
「インターネット」をタップする（iPhoneの場合は不要）。

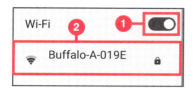

手順 ④

Wi-Fi回線の一覧が表示される。表示されない場合は、Wi-Fiの⬤をタップし①、接続したいWi-Fi回線をタップする②。

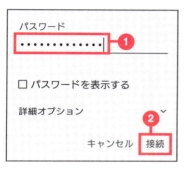

手順 ⑤

無線ルーターに記載されているKEYを入力して①、「接続」をタップする②。

手順 ⑥

Wi-Fiに接続できると「接続済み」と表示され、「ステータスバー」（P.52参照）にWi-Fiマークが表示される。

なお、Wi-Fiに接続していると携帯通信会社のサービス（My docomoでの手続きやau決済）が利用できないことがあります。携帯通信会社の回線のみに接続しておきたい場合（回線認証という）は、手順⑥の⬤をタップしてWi-Fiをオフにします。

コラム

Wi-Fiの自動接続

一度接続を行ったWi-Fiでは、2回目以降の接続操作は不要になります。そのため、1度だけ利用した施設やカフェなどの場合も、近くを通った際に意図せず接続することがあります。不要な場合は接続設定を削除するか、自動接続を無効にしましょう。

1-08 Wi-Fiに接続するには？　33

TOP10 09 スマホの音が大きすぎる！

スマホの音量は、側面のボタンから変更できます。マナーモードにすれば、完全に音を消せます。

スマホでは、アプリからのお知らせである通知音や着信音が鳴ることがあります。通知音や着信音が大きかったり、反対に聞こえにくかったりという場合は、**スマホの側面にある音量ボタンを押して、音量を調整**します。また、電話をするときの通話の音量も、同様の方法で調整できます。

スマホの側面にある音量ボタンを押して、音量を上げたり下げたりできる

着信音や通話音の音量は、**「設定」アプリの「音設定」**からも変更できます。通知音や着信音、音楽などのメディア音量、目覚まし時計のアラーム音など、音量を細かく設定できます。

「設定」アプリの「音設定」（iPhoneの場合は「サウンドと触覚」）から、着信音や通話音量を変更できる

マナーモードを設定する

 スマホのマナーモードって、どうやって設定するの？

映画館やコンサートなど、音を鳴らしたくないという場面では、マナーモードに設定することで完全に音を出さないようにすることができます。マナーモードは、画面上からスライドして表示される「クイック操作パネル」（iPhoneの場合は右上からスライドして表示する「コントロールセンター」）から設定できます。

手順 ①
画面上部から、下にスライドする。

手順 ②
もう一度、下にスライドする。

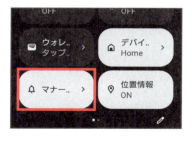

手順 ③
🔔「マナーモード」をタップするたびに、「マナーモード」→「バイブレーション（振動）」→「OFF」の順に切り替わる。iPhoneの場合は「集中モード」→「おやすみモード（オン）」の順に切り替わる。

音量の調整と、マナーモードへの切り替え方法を知っておこう。

1-09　スマホの音が大きすぎる！　35

10 消えてしまった通知をもう一度見たいんだけど？

ホーム画面を下にスライドすると表示される通知パネルから確認できます。

通知を許可しているアプリから新しいお知らせがあった場合、ロック画面にメッセージが表示されます。しばらくすると消えてしまいますが、**画面を下にスライドするともう一度確認できます**。

■ Androidの場合

手順 ①
「ホーム」画面で下にスライドする。

手順 ②
最新の通知が表示される。上方向にスライドする。

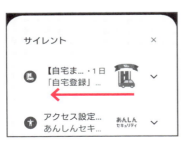

手順 ③
過去の通知を確認できる。消したい通知は、左方向にスライドする。通知を長押しすると、種類に応じて詳細画面を表示したり設定を変更したりできる。

■ **iPhoneの場合**

手順 ①
「ホーム」画面で、左上から下に向かってスライドする。

手順 ②
通知が表示される。消したい通知は、左方向にスライドする。通知を長押しして、メッセージへの返信や通知をオフにできる。

通知の利用方法

通知はどんなときに使うの？

スマホの通知では、アプリからのさまざまなお知らせが届きます。例えば「LINE」や「メール」アプリに知人からのメッセージが届くと、通知としてそのことが知らされます。利用することが多いのは、アカウントの登録時やパスワードを忘れた際の、**本人確認用に送られる「メッセージ」アプリからの通知**です。通知からメッセージを確認し、届いた番号を使って本人確認を行います。

「メッセージ」アプリに届いた、Googleからの本人確認の通知。送られてきた番号は、他人に教えてはいけない。

通知の受け取りから本人確認までを、スムーズにできるようになろう。

> コラム

スマホのバッテリーがすぐに切れる・充電されない！

スマホの中には大容量のバッテリーが入っていて、寿命は2年程度と言われています。買ったばかりの頃は2～3日に1回の充電でも利用できますが、しばらくすると毎日の充電が必要になってきます。寿命が近づくとさらに減りが速くなり、最終的には充電できなくなります。購入からそれほどたっていないのに充電がうまくされないという場合は、電源ケーブルを抜き差ししてみましょう。また、電源を一度切って、入れ直すこともしてみましょう。

バッテリーの交換は、携帯通信会社、スマホのメーカー、非正規の修理業者に依頼できます。修理業者に依頼する場合はその日のうちにバッテリーを交換してもらえますが、メーカー保証が受けられなくなるなどのデメリットもあります。携帯通信会社やメーカーに依頼する場合は預かりとなり、その間はスマホを利用できません。docomoのように代替機の貸し出しができる場合もあるので、問い合わせてみましょう。バッテリーの状態は「設定」→「デバイス情報」→「電池性能表示」（iPhoneの場合は「設定」→「バッテリー」）で確認できます。

スマホのバッテリーは、電池が0％になったり、充電が100％になった後も充電を続けると劣化する可能性があります。バッテリーを長持ちさせたいという場合は、完全に充電が切れないようにすること、充電が完了したら電源ケーブルを抜くことを心がけましょう。Androidには、90％以上の充電を抑える機能（「設定」→「バッテリー」→「いたわり充電」）もあります。

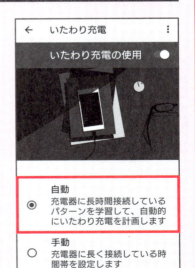

第 2 章

スマホ
の
「困った！」「わからない！」
に答える

2章では、スマホを操作する上で欠かせない、スマホ全般についての疑問やトラブルにお答えします。AndroidやiPhoneといったOSのちがい、本体の操作や画面の名称、自分の電話番号や通信量の確認、料金を見直す方法をやさしく解説します。

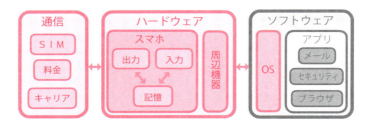

01 スマホの疑問は誰に聞けばよい？

疑問の内容によって、聞く相手を変えましょう。正確に伝えれば、解決もスムーズです。

スマホの操作やちょっとしたトラブルなど、わからないことが出てきたときはどうすればよいでしょうか？ **自分で調べてみることも大事**ですが、スマホを**始めたての頃は「誰かに聞く」**のもおすすめです。質問する相手は、①**携帯通信会社のお店やサポート、②購入場所（携帯ショップ・家電量販店）**が最初の候補になります。一方、アカウントやアプリに関する疑問は、③**サービスの提供元**に聞きましょう。スマホの基本的な操作方法は、本やスマホ教室がおすすめです。以下で、それぞれについて詳しく解説します。

①携帯通信会社のお店やサポート
契約している**携帯通信会社の電話サポート**を利用できます。

②購入場所（携帯ショップ・家電量販店）
購入した**携帯ショップや家電量販店では、無料で質問**できることが多いです。**iPhoneなら、Apple Store**でも対応してくれます。

③サービスの提供元
アカウントやアプリについては、**GoogleやApple、LINEなど、サービスを提供しているサポート**を利用しましょう。アプリの使い方やトラブルなども、アプリの提供元のサポートを利用できる場合があります。電話ではなく、メールやメッセージでのサポートになります。

④本・スマホ教室
スマホの基本的な操作方法は、**本やスマホ教室がおすすめ**です。

⑤その他
その他、**詳しい友人・知人に聞く**のもよいでしょう。身近にいるため、**すぐに聞くことができます**。

スマホに関する言葉を知っておく

 サポートや知人に聞くコツを教えて！ どのように質問すればよい？

サポートや知人に聞くときのコツは、**スマホの各部名称やそのときの状態を正確に伝える**ことです。スマホがうまく使えない大きな理由として、スマホの基本、特にスマホに関する言葉がわかっていないということがあります。本書を読みながら、少しずつ言葉を覚えましょう。

言葉をまちがえたり、状況を正確に伝えられなかったりすると、解決は難しい

スマホに表示されているメッセージや画面の意味がわからない場合は、スクショを撮影しておきましょう（P.22参照）。撮影した画面を相手に送れば、状況を正確に伝えることができます。

スマホのトラブルについて相談する場合は、**あなたのスマホの基本的な情報を知らせる**ことが大切です。以下の内容を書きとめておき、相手に伝えられるようにしましょう。

メーカー	
機種名・型番	
OS（基本ソフト）	バージョン
携帯電話回線（キャリア）	
メモ	

 **スマホに関連する言葉を知って、他の人の力を上手に借りよう！**

2-01 スマホの疑問は誰に聞けばよい？ 41

02 AndroidとiPhoneは何がちがう？

> AndroidはOSの名称、iPhoneはApple製のスマホの名称です。

Androidは、Google（グーグル）社が開発した**基本ソフト**の名称です。基本ソフトは、**OS（オペレーティングシステム）**とも呼びます。一方、iPhone（アイフォン）は**Apple（アップル）社が開発したスマホの名称で、iOSと呼ばれる基本ソフト**が入っています。スマホにOSが入ってはじめて、私たちがスマホを目で見て理解し、かんたんに操作できるようになります。OSは、スマホ以外にも、パソコンやテレビなどさまざまな機器に入っています。

■ **Android（アンドロイド）**

Google社が開発したOS。SONYやSAMSUNGなど、さまざまなメーカーのスマホに入っている。

機種：Xperia（ソニー）、Galaxy（SAMSUNG）、Pixel（Google）

■ **iOS（アイオーエス）**

Apple社が開発したOS。Apple製のスマホのみで利用される。

機種：iPhone

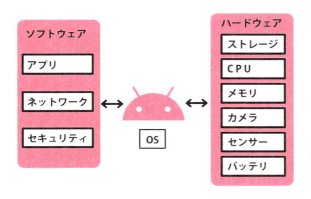

OSには、アプリやセンサーなどを仲介する役割もある

OS（基本ソフト）の種類

　AndroidやiOSにも種類があるの？　バージョンって何？

AndroidやiOSには、複数の種類があります。この種類のことを**バージョン**と呼び、同じOSでもバージョンによって操作方法が変わることがあります。Androidの場合、OSのバージョンを次の方法で確認できます。

手順①
「設定」アプリを起動し、一番下にスクロールする。左上に「←」がある場合は、なくなるまでタップする。

手順②
「デバイス情報」をタップする。iPhoneの場合は、「一般」→「情報」の順にタップする。

手順③
下にスクロールすると、OSのバージョンを確認できる。

AndroidはスマホのOSの名前、iPhoneはApple製のスマホの名前。

2-02　AndroidとiPhoneは何がちがう？　43

03 スマホはどんな部品からできているの？

スマホの部品のことをハードウェアと呼び、さまざまな部品からできています。

スマホは、次のような部品からできています。これら触れることのできる部品のことを、ハードウェアと呼びます。P.40で解説したように、わからないことを質問する際は、スマホの各部名称を知っておくことが大切です。**スマホがどのようなハードウェアからできているか**、知っておきましょう。

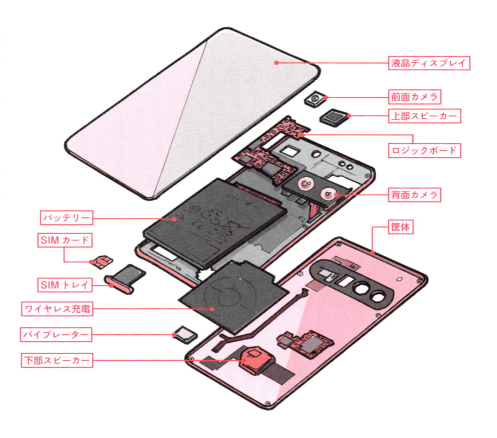

スマホの部品を確認する

 スマホの部品を確認する方法はあるの？

スマホに使われている**部品や性能（スペック）**は、スマホの**カタログにある程度の情報が掲載**されています。スマホの購入時に、カタログをもらっておくとよいでしょう。メーカーの製品ページに公開されている情報から、一部を確認できる場合もあります。**「製品名　仕様」**や**「製品名　スペック」**などで**検索**して、メーカーの製品ページを確認しましょう。

メモリとストレージ	・ワイヤレス充電（Qi認証済み） メモリ ・8 GB LPDDR5x RAM ストレージ ・128 GB / 256 GB UFS 3.1 ストレージ[7]
プロセッサ	・Google Tensor G3 ・Titan M2™ セキュリティ

Google Pixel の技術仕様。CPU以外は、主に性能のみが記載されている

充電ケーブル・差し込み口の種類

 以前使っていたスマホの充電ケーブルは使い回してよいの？

スマホの差し込み口の種類は、**USB端子のタイプCが一般的**です。多くのスマホで差し込み口が同じなので、ケーブルの使い回しも可能です。ただし、非正規のケーブルを使うと充電が遅くなったり、発火など思わぬトラブルが起きたりする可能性があります。スマホの性能を最大限に活かし、トラブルを抑えるには、機種に対応した**純正ケーブルを利用しましょう**。USB端子のタイプC以外に、少し前のiPhoneではLightningケーブル、10年以上前のAndroidではmicroUSBが使われていました。

 **スマホがどのようなハードウェアからできているか、知っておこう。**

04 何を基準にスマホを選べばよいの？

まずは、AndroidかiPhoneを決めて、次に用途に応じて機種を選びましょう。

第2章 スマホの「困った！」「わからない！」に答える

スマホを選ぶ最初の基準は、**Androidにするか iPhoneにするか**です。日本では **iPhoneが人気ですが、値段が高価**です。Androidはさまざまなメーカーから多くの機種が発売されていて、お手頃な価格のものも多くあります。Androidには、一般のスマホの他に、**シニア向けの「らくらくスマホ」**もあります。文字が大きく、機能も限定されているため、シニアに使いやすいスマホになっています。また、まわりにどちらを使っている人が多いかということも重要です。AndroidとiPhoneでは使い方が大きく異なるので、**質問できる人が多い方を選ぶ**というのもよいでしょう。

文字が大きく、物理ボタンがあるシニア向けの「らくらくスマホ」

また、購入する場所によって、販売されているスマホには限りがあります。スマホの購入場所には、次のようなものがあります。このうち、**サポート（有料の場合もある）が充実しているのは携帯通信会社のショップ**です。携帯通信会社のショップは、事前に予約をしてから行くようにしましょう。

①家電量販店
②携帯通信会社（docomo、au、SoftBankなど）のショップ
③大手スーパー

スマホの機種の選び方

AndroidもiPhoneも、多くの機種が発売されています。購入場所によって種類に限りがあるとはいえ、迷ってしまうのではないでしょうか？　スマホの機種を選ぶときのポイントは、**価格とサイズ**です。価格が高いものほど高機能ですが、安いからと言って使い物にならないわけではありません。予算に合わせて選ぶのがおすすめです。

サイズは、なるべく大きいものがおすすめです。画面のサイズが大きいほど、見やすく、操作しやすくなります。ただし、サイズに比例して重量も重くなるので、持ち歩く頻度が高い場合は注意が必要です。また、大きすぎると持ちづらく、落としやすくなります。**手に馴染むサイズかどうかも重要**です。サイズと重さのバランスを考えて選びましょう。

外観や色は、安全のためにスマホカバーをつけてしまうとわからなくなります。それほど気にする必要はないでしょう（詳しくはP.216参照）。

機能やメーカーごとの特徴は、以下の表の通りです。「オススメ」の範囲から選べば、まちがいはないでしょう。

	メーカー名	機種名	特　徴
国内	ソニー	Xperia	カメラが高評価、高音質も魅力。豊富な種類
	シャープ	AQUOS	ディスプレイに強み。バッテリーも大容量。豊富な種類
	富士通 (FCNT)	arrows	シニア向けや法人向けに強み。種類は少ない
米国	Google	Pixel	余計なアプリが入っていない
	Apple	iPhone	国内で一番使われている
韓国	Samsung	Galaxy	実績と知名度のあるメーカー
中国	OPPO	OPPO Reno	低価格、docomoやauでは取り扱いなし
	Xiaomi	Redmi	低価格、docomoでは取り扱いなし
台湾	ASUS	ROG	高価格帯。ゲーミングスマホに強み

教える・伝わる　コツ

スマホは大きなサイズがおすすめだが、重量には注意が必要。

2-04　何を基準にスマホを選べばよいの？　47

05 安いスマホと高いスマホ、何がちがうの？

主に性能×メーカーで、価格のちがいが出ます。

スマホの価格のちがいの理由には、**性能・メーカー・型落ち**などがあります。性能による価格のちがいとしては、以下のようなものがあります。

■ **内蔵ストレージ（保存領域・内部ストレージ・ROM）**
スマホ内にデータを保存できる容量です。**32GBから、大きいものだと1024GB（1TB）**があり、容量が大きいほど、価格も高くなります。

■ **バッテリー容量**
通常4,000〜6,000mAh前後で、容量が大きいほど長時間の使用が可能ですが、価格が高くなります。3,000mAhの場合、一般的な使い方ではフル充電から2日はもたないでしょう。**mAhは「ミリアンペアアワー」の略**で、1時間で利用できるmA（電流）の単位です。

■ **カメラの性能**
カメラの性能は、**画素数（1,200万〜6,400万画素）**、レンズの数、光学ズームの倍率、超広角対応などによって決まります。

■ **画面サイズ**
小さめの6インチから7.6インチまで、さまざまなものがあります。**インチは画面の対角線上の長さ**で、1インチは約2.5cmです。

■ **その他の機能**
防水・防塵やワイヤレス充電、5G対応、指紋や顔認証、2つのSIMカードの挿入（デュアルSIM）の有無によって価格が変わります。

メーカーや型落ちによる価格のちがい

メーカーによって価格は変わってくるの？

スマホは、メーカーによっても価格が変わります。仮に同じ内蔵ストレージ、画面サイズ、バッテリー容量だったとしても、メーカーがちがえば価格も変わります。**トラブルや故障時のサポートのちがい**や、国内メーカーであれば繰り返しの強度テストなどが行われるため、価格が高くなりがちです。

古いスマホは安くなるの？

スマホは、各メーカーが一定のサイクルで新しい機種を発売します。GoogleのPixelやAppleのiPhoneは9月頃、サムスンのGalaxyは4月頃、ソニーのXperiaは6月頃に**主力のモデル（フラッグシップモデル）を発売**します。それ以外の廉価版から中程度の性能の機種は、メーカーごとや季節に応じて、年に数回、新しい機種が発売されます。いずれの場合も、**1つ前の旧モデルは型落ちになるため、安く購入できる**ことがあります。

コラム　スマホの保存容量

スマホに保存できるデータの容量を表す単位が、GB（ギガバイト）です。データの大きさを表す単位の中で、もっとも小さい単位はbit（ビット）です。ビットが8個集まると、1バイトになります。つまり8ビット＝1バイトです。そして、1024バイトで1KB（キロバイト）、1024KBで1MB（メガバイト）、1024MBで1GB（ギガバイト）、1024GBで1TB（テラバイト）になります。スマホの現在の容量は、「設定」アプリ→「ストレージ」で確認できます。

**スマホの価格のちがいは、
性能×メーカー×型落ちで決まる！**

06 携帯通信会社（キャリア）は、どこがおすすめ？

携帯通信会社は、利用する地域でのつながりやすさ、価格で決めましょう。

残念ながら、誰にでもおすすめできる携帯通信会社（キャリア）はありません。**住んでいる地域や利用する場所、必要や通信量と価格や生活スタイルに合ったものを選びましょう。** 携帯通信会社には、docomo、au、SoftBankの3大キャリアがあり、2020年に楽天モバイルが加わりました。この**4社をMNO**と呼びます。4社以外はMVNOと呼ばれ、MNOから通信回線を借りてサービスを提供しています。**MVNOは、余計なサービスや人件費を減らすことで割安になっているのが特徴です。** MNOとMVNOを仲介する役割のMVNEも存在しています。つながりやすさや安心感、サポートのよさが優先で、月々の支払いは高くてもよい場合は3大キャリアがおすすめです。ただし、地域によっては、ネットが遅かったりつながりにくかったりする場合もあります。**近所に住んでいる友人や知人に、つながりやすさを聞いてみる**のもおすすめです。**価格を抑えたい場合は、MVNOがおすすめ**です。

SIM・格安SIMとは

格安SIMってよく聞くけど、それは何？

SIM（シム）とは、スマホに入っている通信用のカードです。このカードを差し替えることで、今使っているスマホのまま、携帯通信会社をdocomoからイオンモバイルに変えたり、auからSoftBankに変えたりすることができます。古いスマホでロックがかかっている（SIMロック）場合は、携帯通信会社でロックを解除してもらう必要があります。

SIMの中で、**MVNOが提供しているSIMが格安SIM**です。回線の維持費が少なくてすむことや、実店舗ではなくネット上で契約を終わらせる、店頭サポートを有料とするなどの工夫によって割安のプランを実現しています。格安SIMには、au回線を使用した基本料0円povo、YouTube見放題のオプションがあるBIGLOBEモバイルなど、たくさんのサービスがあります。

種類	キャリア名	プラン（2025年）	特徴
MNO	NTT docomo	eximo irumo（各種サービスが有料）	回線の範囲が広い。割高
	au	使い放題MAX、povo、マネ活プラン	全国で利用可能
	ソフトバンク	ペイトク無制限、メリハリ無制限など	PayPayポイントが貯まる
	楽天モバイル	最強プラン UN-LIMIT	主要都市を中心に拡大中
MVNO（格安SIM）		スーパー放題	家電店や百貨店で契約可
	LINEMO	ベストプラン、ベストプランV	ソフトバンク回線
	UQモバイル	トクトク、コミコミ、ミニミニ	au回線。家電店で契約可
	イオンモバイル	1GBごとに豊富な料金プラン	家族でシェアできる

4G・5Gのちがい

 4G、5Gというのは何？

4G、5Gは、スマホで使える通信回線のことです。**Gは「ジェネレーション（世代）」の略**です。どちらも基地局から出ている電波を利用した無線通信で、4Gは国内のほぼ全域で利用できます。5Gは4Gよりも高速で通信することができ、インターネットを快適に利用できます。回線が遅いことでのトラブルも少なくなります。5Gを利用できる場所では**自動的に5Gに接続される**ので、スマホの利用中に4Gや5Gを意識することはありません。さらに高速の6Gは、2030年頃の提供開始と言われています。

5Gに接続されると、ステータスバーに「5G」と表示される

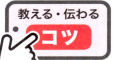 **携帯通信会社選びは、近隣の情報収集から！よく訪れる場所でも使えるか確認しよう。**

07 スマホ画面の名称を教えて！

 スマホの画面について、あらかじめ名称を知っておきましょう。

スマホの使い方や疑問、トラブルを解決したい場合、携帯通信会社のサポートや家族、友人に助けを求めることになります。その際、**スマホの各部名称や表示されているメッセージを正確に伝えることが大切**です。特にスマホ画面の名称を知らないと、相手に状況を伝えることが難しくなります。すぐに覚えられなくても、普段から使うようにすると自然と覚えていきます。ここではAndroidの画面について解説します。

■ **ロック画面**
電源を入れた後や、スリープを解除した直後の、パスコードを入力する画面です。

■ **ホーム画面**
ロック解除後の、最初に表示される画面です。
❶ステータスバー・通知バー
❷アプリ
❸ウィジェット
❹お気に入りトレイ／ドック
❺センスバー
❻3ボタンナビゲーション

■ アプリドロワー（アプリ一覧）

ホーム画面を上方向または右にスライドすると表示される、アプリの一覧画面です。田や「かんたんホーム」をタップして表示する場合もあります。

■ 通知パネル

ホーム画面を下方向にスライドするか、ホーム画面以外の画面でスマホの上部外側から下方向にスライドすると表示される画面です。

■ クイック設定パネル

通知パネルでもう一度下にスライドすると、「クイック設定パネル」が表示されます。通信回線やマナーモードなどをすばやく変更できます。左方向にスライドできます。

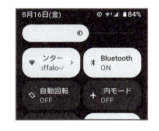

> **コラム**
>
> ### 「3ボタンナビゲーション」を表示する
>
> 「ホーム画面」や「アプリドロワー」の表示、「戻る」といったよく使う操作は、ボタンとして表示させることもできます。「設定」アプリ→「システム」→「ジェスチャー」→「ナビゲーションモード」の順にタップします。画面で操作をする「ジェスチャーナビゲーション」か、最下部に3ボタンを表示する「3ボタンナビゲーション」を選べます。
>
>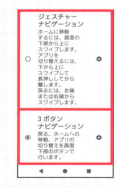

2-07 スマホ画面の名称を教えて！　53

Androidのホーム画面が機種ごとにちがう理由

Androidは、なぜ機種によって画面がちがうの？

発売している**メーカーや携帯通信会社が、ユーザーが使いやすいように「ホーム」アプリでホーム画面のデザインを変更している**ためです。Androidの「ホーム」アプリには、以下のようなものがあります。

■ Google Pixelの「Pixel Launcher」（ピクセルランチャー）

Google Pixelの「ホーム」アプリです。docomo、au、SoftBankのどこで購入しても同じ画面になります。
ランチャーは、「ホーム」アプリの別名です。

■ docomoの「かんたんホーム」

シニアスマホに最適化された「ホーム」アプリです。利用できる機能が限定されています。

「ホーム」アプリは「○○○ホーム」といった名前になっています。タップすると**「○○○のホームに設定します」と表示され**、ホーム画面に設定することができます。また、**「設定」→「アプリ」→「標準のアプリ」→「ホームアプリ」**から変更することもできます。

Xperiaの「ホーム」アプリに変更する

コラム

iPhoneの画面の名称

iPhoneの場合も、Androidと同じく最初の画面を「ホーム画面」と呼びます。その他に、「コントロールセンター」や「通知センター」などの画面があります。

● **ホーム画面**

ロック解除後の最初の画面です。左右にスライドして、アプリの一覧を切り替えることができます。

❶ ステータスバー
❷ アプリ
❸ ドック

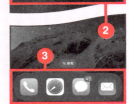

● **コントロールセンター**

右上から下方向にスライドすると表示されます。さまざまな機能をすばやく利用できます。

● **通知センター**

左上から下方向にスライドすると表示されます。アプリからの通知の一覧が表示されます。

2-07 スマホ画面の名称を教えて！ 55

08 ホーム画面を使いやすくしたい！

ホーム画面に、よく使うアプリを配置したり、ウィジェットを配置したりしてみましょう。

ホーム画面によく使うアプリや、カレンダーやメモ、天気などのウィジェットを配置しておくと、スマホが格段に使いやすくなります。家族や友達にホーム画面を見せてもらい、真似するのもよいでしょう。ここでは、ホーム画面を使いやすくするための方法をご紹介します。なお「かんたんホーム」（P.54）では、これらの操作は行えません。

使っていないアプリを隠す

まずは、ホーム画面の使っていないアプリを非表示にしましょう。ここではアプリを非表示にするだけで、削除するわけではありません。非表示にしたアプリは、アプリドロワー（P.53参照）で表示できます。アプリの削除については、P.106を参照してください。

手順 ①
ホーム画面でアプリを長押ししながら❶、少しだけスライドする❷。

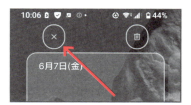

手順 ②
表示された「×」まで指をスライドさせると、非表示になる。「ごみ箱」にスライドさせると、アプリの削除になる。iPhoneの場合は、「－」をタップして削除できる。

よく使うアプリをホーム画面に配置する

 よく使うアプリを探すのが面倒なんだけど…

スマホのアプリ一覧には、たくさんのアプリが並んでいて、使いたいアプリが見つからないことがあります。**よく使うアプリをホーム画面に配置しておく**と、探すことなく、すぐに利用できます。**iPhoneの場合は、アプリのアイコンを4秒ほど長押し**するとアイコンが揺れはじめるので、最初に表示される左端のホーム画面にドラッグします。

手順 ①
「アプリドロワー」で、アプリを長押ししたまま❶、少しスライドする❷。または「ホーム画面に追加」をタップする。

手順 ②
ホーム画面が表示されるので、好きな場所で指を離す。

手順 ③
ホーム画面にアプリが配置された。

ウィジェットを配置する

 ホーム画面にカレンダーがあるんだけど…これは何？

ホーム画面にある**カレンダーやバッテリー残量は、「ウィジェット」と呼ばれる機能を使って表示されています**。ウィジェットとは「小道具」という意味で、**アプリを開かなくても予定の確認やメモなどができる**簡易的な機能です。Androidの場合、以下の方法でウィジェットを配置することができます。ウィジェットを非表示にする方法は、アプリの場合と同じです（P.56参照）。**iPhoneの場合は、ホーム画面でスライドする**とウィジェットが表示され、余白で長押しして「編集」をタップするとウィジェットの追加と削除ができます。

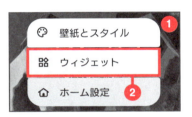

手順 ❶

ホーム画面の余白部分で長押しし❶、「ウィジェット」をタップする❷。

手順 ❷

ホーム画面に配置したいウィジェットをタップして、好みの種類を長押しする。

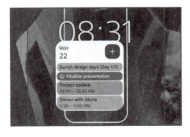

手順 ❸

指を離した位置に、ウィジェットが配置される。サイズの変更もできる。

スマホの背景を変更する

スマホの背景や色は変えられるの？

スマホの背景や色は、自由に変えることができます。iPhoneの場合は、「設定」→「壁紙」→「新しい壁紙を追加」で設定できます。

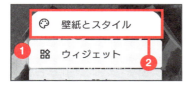

手順 ①
ホーム画面で長押しし❶、「壁紙とスタイル」をタップする❷。

手順 ②
「ロック画面」か「ホーム画面」のどちらを変更するか選択したり、テーマのカラーを変更したりできる。「壁紙の変更」で、ホーム画面の背景画像を変更できる。

手順 ③
「マイフォト」→「デバイス」→「壁紙」から画像を選び、右下の「✓」または「壁紙に設定」をタップする。

手順 ④
「ホーム画面」「ロック画面」「ホーム画面とロック画面」のいずれかをタップすると、タップした画面の壁紙が変更される。

アプリ、ウィジェット、壁紙を自分好みにして、スマホをもっと使いやすくしよう！

09 画面がすぐに暗くなる！

スマホの画面が暗くなるのは、電力の消費を節約するためです。

スマホを少し放っておくと、すぐに画面が暗くなってしまいます。これは、画面を暗くすることで**電力の消費を抑えている**ためです。設定を変更することで、暗くなるまでの時間を変更できます。

手順 ①

「設定」アプリをタップし、「画面設定」をタップする。iPhoneの場合は、「画面表示と明るさ」をタップする。

手順 ②

「画面消灯」をタップする。iPhoneの場合は、「自動ロック」をタップする。

手順 ③

画面が暗くなるまでの時間をタップする。

画面設定でできること

「画面設定」では、スマホの画面に関するさまざまな設定ができます。

①明るさのレベル
画面の明るさを調整できます。明るくしすぎるとバッテリーの消費が大きくなり、目の疲れにもつながります。**「明るさの自動調節」をオンにしておくと、環境に合わせて明るさを自動で調整してくれます。**

②ダークモード
画面全体を黒主体の色に変更します。目の疲れを減らすとともに、消費電力を抑える効果があります。

③ロック画面
ロック画面のデザインや通知内容の表示方法を変更します。

④スクリーンセーバー
充電時のデザインを変更します。

画面設定

画質

画質設定
色域とコントラスト、動画再生時の高画質処理

ホワイトバランス
画面上のホワイトバランスを調整します

明るさ

明るさのレベル
明るい状態を続けると画質に影響する場合があります

明るさの自動調節

コラム

ブルーライトカットは必要？

スマホからは、ブルーライトと呼ばれる光が出ています。寝る前にスマホを使っていると、ブルーライトが原因で脳が昼間と勘違いし、睡眠の質が低下すると言われています。スマホ画面を保護するフィルムにブルーライトをカットするものがありますが、その効果はまだ不確かです。ブルーライトカットフィルムは気休め程度に考えて、夜遅くまでスマホを使わない、寝室に置かない、画面の明るさを暗くするなどの方法がおすすめです。眼への影響については、近距離で長い時間凝視することの影響が大きいです。

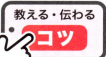

画面の明るさを適切に設定すれば、眼の疲れや睡眠の質の低下を防ぐことができる。

2-09 画面がすぐに暗くなる！

10 画面がくるくる回転する！

画面が固定されるように、クイック設定パネルからすばやく変更できます。

スマホを使っていて、画面が勝手に回転することがあります。これは、動画を見る場合などにスマホの画面を自動で横向きに変えるための設定です。画面の回転が煩わしい場合は、**クイック設定パネルから回転の設定を行う**ことができます。

手順 ①
スマホの上部外側（iPhoneの場合は右上）から下方向にスライドする。

手順 ②
クイック設定パネルが表示されるので、「自動回転」（iPhoneの場合は🔒）をタップする。これで、「自動回転」のオンとオフを切り替えられる。「自動回転」が表示されていない場合は、画面の中央でもう一度下方向にスライドする。

クイック設定パネル（Android）とコントロールセンター（iPhone）

Androidでクイック設定パネルを使うと、画面の回転だけでなく、**通信方式の切り替えやマナーモード、非常灯などをすばやく設定**することができます。クイック設定パネルで左右にスライドすると、隠れた機能を表示できます。クイック設定パネルの主な機能は、以下の通りです。**iPhoneの場合、同様の画面は「コントロールセンター」**と呼ばれ、隠れた機能はありません。

❶**インターネット**
携帯回線の有効／無効や、Wi-Fiを使った接続の切り替えができます。

❷**機内モード**
すべての通信をオフにします。飛行機に搭乗するときに利用します。

❸**ウォレット**
スマホの決済機能を利用します。

❹**ライト**
スマホの非常灯をオンにします。停電時など、暗い場所を照らすときに便利です。

❺**QRコード**
QRコードを読み込んで、ホームページを見たり、LINEの友達を追加したりできます。

❻**設定**
「設定」アプリをすばやく表示できます。

❼**鉛筆マーク**
クイック設定パネルに表示する項目を変更できます。ドラッグで移動します。

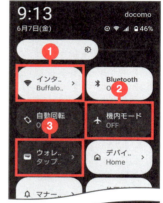

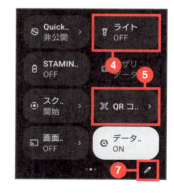

クイック設定パネルでは、画面の回転や明るさ、通信回線の切り替えをすばやく行える。

11 スマホの文字は大きくならないの？

文字の大きさは、自由に変えられます。

スマホに表示される文字の大きさを変えて、スマホを使いやすくしましょう。大きくしすぎると文字が切れてしまうので、バランスを見ながら大きさを変更しましょう。iPhoneの場合は、「設定」→「画面表示と明るさ」→「テキストサイズを変更」で文字サイズを変更できます。

第2章 スマホの「困った！」「わからない！」に答える

手順 ①
「設定」アプリをタップし、「画面設定」をタップする。「画面設定」がなければ、左上の「←」をタップして「設定」まで戻る。

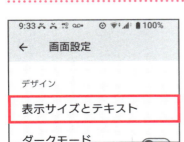

手順 ②
「表示サイズとテキスト」をタップする。

64

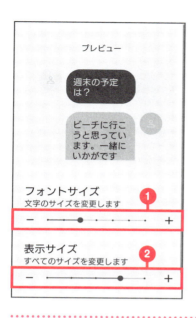

手順 ③

「フォントサイズ」❶と「表示サイズ」❷をドラッグして調整する。テキストを太字にしたり、コントラスト（強調）表示したりすることもできる。

手順 ④

画面の文字サイズが大きくなった。

教える・伝わるコツ

文字を大きくしすぎると、切れてしまう。繰り返し大きさを変えて、調整しよう。

2-11　スマホの文字は大きくならないの？

スマホを音声で操作できるって本当？

スマホでは、音声を使って検索したり、予定を入れたり、タイマーを設定したりできます。

スマホは、指ではなく**音声でも操作が可能**です。**ホーム画面の検索窓にある「マイク」マークをタップ**し、その状態で「今日の天気は？」と話しかけると、今日の天気を教えてくれます。

検索以外にも、予定やメールの作成、音楽の再生やニュースの読み上げもしてくれます。Androidでは、次ページの方法でスマホを音声で利用できます。

■ アシスタント

アプリ一覧にある「アシスタント」をタップして利用します。アシスタントには「Gemini」と「Googleアシスタント」の2種類があります。「アシスタント」アプリを長押しして「設定」→最下部の「Googleのデジタルアシスタント」をタップして、切り替えます。

■ ヘイグーグル／OKグーグル

ヘイグーグルは、「アシスタント」アプリをタップせずに起動できる便利な機能です。ヘイグーグルを利用するには、最初に設定が必要です。**「アシスタント」を長押しし、「設定」→「OK GoogleとVoice Match」→「Hey Google」をタップして「オン」にします**。

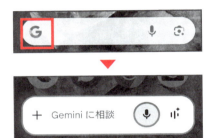

■ Gemini（ジェミニ）

Geminiは、Googleが開発したAIです。Googleアシスタントと同じように、アラームやメールの作成の他、**新しい情報を学習する**ことができます。詳しくは、P.154を参照してください。新しいスマホでは、「アシスタント」アプリやヘイグーグルの利用時にGeminiが起動して、音声での検索やタイマーのセットなどを行うことができます。

音声でできること

分類	音声例文	Google アシスタント（Gemini）	Siri
回線の切替	Wi-Fiをオフにして	○	○
検索	今日のニュースは？	○（Google検索）	△（Bing）
メッセージ送信	○○にメッセージを送って	○	○
連絡先管理	○○に電話をかけて	○（Google連絡先）	○（iCloud連絡先）
地図	○○までの道順を教えて	○（Googleマップ）	○（Apple Maps）
カレンダーリマインド	3時に食事会を設定	○（Googleカレンダー）	○（iCloudカレンダー）
パーソナライズ	次の予定は何？	○（Google アカウント）	○（iCloud,Siri 提案）
アプリ	Uberでタクシーを呼んで？	○	△（限定的な対応）
音楽操作	音楽を再生して	○（YouTube Music、Spotify 等）	○（Apple Music、Spotify 等）

コラム

iPhoneのSiri（シリ）

iPhoneの場合は、「ヘイ、シリ」と呼びかけることで、スマホを音声で操作できるようになります。天気やニュースの検索などの他、タイマーやメールの作成といったアプリの操作もできます。

スマホでは、音声を使って検索やアラーム、メールの作成などを行える。

13 今月の通信量はどこでわかるの？

今月の通信量は、携帯通信会社の公式アプリやマイページから確認できます。

スマホの通信量を確認するには、**Androidの設定画面から確認**する方法と、**携帯通信会社の公式アプリやマイページから確認**する方法があります。マイページで確認する方が、正確な通信量を確認できます。公式アプリの場合は、docomoなら「**dメニュー**」、auなら「**My au**」、SoftBankなら「**My SoftBank**」を起動して確認できます。

dメニューの起動後、右上の「三」をタップし、「My docomo」をタップすると、今月の通信量を確認できる

「My UQ mobile」アプリの通信量の確認画面

通信制限

 今月の通信量の上限を超えるとどうなるの？　スマホが使えなくなるの？

契約の通信量を超えた場合も、スマホが使えなくなることはありません。ただし、通信速度の制限がかかるため、**ホームページの表示が遅くなったり**します。マイページで**通信容量を追加**することで制限を解除できますが、100MBで500円など、**割高になります**。通信容量を追加せずに利用を続ける場合は、Wi-Fiに接続するなどの工夫が必要になります。自分に合った通信量を確認しながら、少し**余裕のあるプランを契約するのがおすすめです**。

 そんなに使った覚えはないんだけど…

契約の通信量を超えるほど利用した覚えがない場合は、どのアプリが通信量を使っているかを調べてみましょう。**YouTubeやゲームなどは、月に1〜2GB使われる**こともあります。ゲームを2、3個使っていれば、余裕で3GBは超えてしまいます。**「設定」アプリ→「ネットワークとインターネット」→「インターネット」→「回線名」の ⚙（歯車マーク）→「アプリのデータ使用量」**の順にタップすると、使用量の多いアプリがわかります。
iPhoneの場合は、「設定」アプリの「モバイル通信」で確認できます。

教える・伝わる　コツ

毎月の通信量をチェックしながら、適切な料金プランを選ぼう！

2-13　今月の通信量はどこでわかるの？

14 スマホの料金を見直したい！

スマホの料金を見直せば、大幅な節約につながります。年に1度は、見直してみましょう！

スマホの月額料金は、**年間で考えると大きな金額**になります。自宅のインターネット回線や家族の月額料金も含めると、とてつもない額になることもあります。電気代や水道代などで節約している分が、一瞬で台無しになるほどです。**節約するなら、スマホの「月額料金」の見直しから**始めましょう。

とはいえ、生活の基盤の1つであるスマホが使いにくくなるのは避けたいところです。料金を安くしようと携帯通信会社を変更すると、場合によっては回線速度が遅くなり、ホームページを開くのに時間がかかったり、再生中の動画が止まったり、アプリのインストールに時間がかかったりすることがあります。

そのため、携帯通信会社を変更する前に、**無駄に契約しているオプションがないか確認**してみましょう。明細を見直して、**使っていないセキュリティや留守番電話の契約をしていないか確認**します。また、自宅のインターネット回線や家族との間で**契約をまとめられないか検討**してみましょう。自宅のインターネット回線を携帯通信会社のネット回線に変更することで、大幅に料金を抑えられる場合があります。回線契約を見直す時期は、**キャンペーンが多い時期や生活スタイルが変わる3月頃**がおすすめです。

格安SIM・シェアSIM

格安SIMってどうなの？

docomo、au、SoftBank、楽天モバイルに比べて、格安SIM（P.50参照）の月額料金は割安です。月額料金を見直したい場合は、格安SIMを提供しているMVNOとの契約も検討してみましょう。

家族だと、お得なプランがあるって聞いたんだけど…

家族でスマホの「月額料金」を抑えたい場合は、**シェアSIMもおすすめ**です。1つの契約で複数のSIMが提供されるため、家族で複数台のスマホを利用することができます。スマホの使用頻度が少ない子どもや高齢の家族がいる場合などにおすすめです。郊外で利用しやすいイオンモバイルや、IIJ mio、mineo、BIGLOBEモバイルなどで契約できます。

電話番号や、携帯通信会社のメールアドレスは変えたくないんだけど…

携帯電話番号は、**携帯電話番号ポータビリティ（通称MNP）** を利用することで、移行先の携帯通信会社でも**継続して使用することができます**。新しい携帯通信会社に、「今の電話番号を変えたくない」旨を伝えましょう。携帯通信会社のメールアドレスも、**乗り換え時にメールアドレスのみの契約**に変更することで使い続けられるようになります。

デュアルSIM

スマホの中には、SIMを2枚入れられるものや、物理的なSIMを入れずに携帯通信回線を使えるeSIMがあります。例えば、音声通話は長年使っているdocomoの回線を利用し、データ通信は格安SIMの回線を利用することで、月額費用を抑えることができます。

> コラム

自分のメールアドレスや電話番号を確認するには？

自分の携帯電話番号やメールアドレスを聞かれたときに、すぐに答えることができるでしょうか？ ここでは、Android、iPhoneそれぞれの電話番号とメールアドレスの調べ方をご紹介します。

【携帯電話番号】

● **Android の場合**
「設定」アプリ→「デバイス情報」→「電話番号・情報を表示するにはタップ」をタップして、電話番号を確認できます。

● **iPhone の場合**
「設定」アプリ→「アプリ」→「電話」をタップして、電話番号を確認できます。

【メールアドレス】

● **Android の場合**
「設定」アプリ→「パスワードとアカウント」をタップすると、登録しているアカウントの一覧が表示され、メールアドレスを確認できます。

● **iPhone の場合**
「設定」アプリ→「アプリ」→「メール」→「メールアカウント」をタップし、アカウントの一覧からメールアドレスを確認できます。

「設定」アプリに登録していないメールアドレスは、それぞれのアプリやホームページから確認します。

第 3 章

通話と入力
の
「困った！」「わからない！」
に答える

3章では、スマホのメインの機能である通話、それからアプリの利用に欠かせない入力についての疑問にお答えします。スマホで通話をする基本から入力をすばやく行う方法、音声を使った文字入力の方法についても解説します。

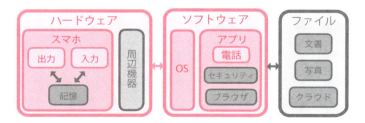

01 電話のかけかたを教えて！

通話と入力

スマホで電話をかけるには、「電話」アプリを利用します。

スマホで電話をかけたり受けたりするには、「電話」アプリを利用します。「電話」アプリはよく利用されるので、ホーム画面にアイコンが配置されています。スマホのメーカーによっては、**2種類の「電話」アプリが入っている**こともあります。好みのアプリを利用しましょう。

Android標準の「電話」アプリ（左）とXperia用の「電話」アプリ（右：旧名「ダイヤル」）

電話をかけるには、「電話」アプリをタップして起動し、右下にある**「キーパッド」をタップして電話番号を入力**します。「音声通話」をタップすれば、発信が始まります。

「電話」アプリには**連絡先を登録する機能**があり、そこから電話をかけることもできます。また、「電話」アプリの連絡先と自動で同期される「連絡帳」アプリもあり、そこからも電話をかけることができます。

「連絡帳」アプリの画面

電話の着信を受ける

 着信はどうやって受けるの？

スマホに**着信があると、画面上部にお知らせが表示**されます。電話番号が連絡先に登録されていたり、迷惑電話防止機能を有効にしたりしていると、発信先の名前が表示されます。「応答」をタップすると、通話が始まります。電話に出ない場合は、「拒否」をタップします。

通話の着信があったことが上部に表示される

通話中の画面は、次のような構成になっています。

① キーパッド…数字のボタンを表示させる
② ミュート…自分の声を一時的に消す
③ スピーカー…スピーカーから相手の声が聞こえるようになる
④ その他…保留やビデオ通話、他の人を通話に参加させる

 通話中に「電話」アプリが隠れてしまった！

通話中に**「電話」アプリが見えなくなってしまい**、通話を終了できなくなることがあります。そんなときは、**画面下部から上方向にスライド**して、起動しているアプリを表示させます。3ボタンを表示している場合は（P.53）、右下の「アプリ」ボタンをタップします。横にスライドして表示された「電話」アプリを選択し、「通話終了」をタップします。

家族や友人と通話する練習をしておくと、いざというときにもすばやく電話がかけられる。

着信の確認方法は？

電話に出られなかった場合は、「電話」アプリの「履歴」に着信の履歴が残っています。

着信や通話の履歴は、「電話」アプリの「履歴」から確認できます。履歴の一覧には、着信や発信、不在着信を表すマークが表示されています。

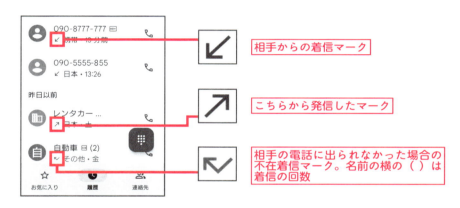

履歴から連絡先に登録する

着信の履歴から、連絡先に登録できるの？

着信の履歴から、「電話」アプリの連絡先に登録することができます。履歴から連絡先に登録する方法は、次の通りです。

手順 ①

「電話」アプリで「履歴」をタップし、着信履歴の顔マークをタップ（iPhoneの場合は長押し）する。

手順 ❷

「連絡先に追加」マーク→「新しい連絡先を作成」をタップする。すでに登録された連絡先に追加する「既存の連絡先に追加」を選ぶこともできる。

手順 ❸

Googleアカウントをタップする。クラウドに保存しない場合は、「デバイス」をタップする。

手順 ❹

姓、名、よみがなを入力し、最後に「保存」または「完了」をタップする。

留守番電話を確認する

 留守番電話を聞くには、どうすればいいの？

留守番電話の機能を利用するには、**携帯通信会社の留守番電話サービスに契約する**方法と、**「伝言メモ」を利用する**方法があります。留守番電話サービスを契約している場合は、専用アプリや通知からメッセージを確認できます。

「伝言メモ」はスマホの機能のため、携帯通信会社との契約が不要です。ただし、圏外では利用できません。「伝言メモ」を確認するには、**「電話」アプリを起動し、右上の︙→「設定」→「通話」→「伝言メモ」→「伝言メモリスト」**をタップします。再生マークをタップすると、伝言メモが再生されます。

再生マークをタップすると、伝言メモが再生される

3-02　着信の確認方法は？

通話と入力

03 着信を拒否する方法は？

着信拒否は、着信履歴から設定できます。

迷惑電話の着信を拒否するには、「電話」アプリの「履歴」をタップし、着信を拒否したい「電話番号」または「連絡先名」で長押しして、「ブロックして迷惑電話として報告」をタップします。iPhoneの場合は、着信履歴の「i」→「発信者を着信拒否」を順にタップします。

非通知や公衆電話からの着信も、拒否することができます。**「電話」アプリ右上の⋮から「設定」をタップし、「ブロック中の電話番号」**をタップします。「非通知」や「公衆電話」をタップして●にします。

非通知や公衆電話からの着信を拒否できる

iPhoneの場合は、「設定」アプリ→「アプリ」→「電話」から消音や着信拒否設定ができる

**着信拒否を設定して、
迷惑電話や詐欺電話の対策をしよう。**

78

04 「連絡先」はどこにあるの？

通話と入力

連絡先は、「連絡帳」アプリから確認や追加ができます。

相手の名前や電話番号といった連絡先を登録するには、「連絡帳」アプリを利用します。Androidのスマホには複数のアプリがありますが、どのスマホでも利用できる**Googleの「連絡帳」が無難**です。連絡先を追加するには、**「＋」をタップし、姓、名、電話番号を入力**します。

どこに保存するのがおすすめ？

Androidの「連絡帳」アプリでは、保存先としてスマホ本体（デバイス）の他に、クラウドのGoogleコンタクトやdocomoを指定できます。おすすめの**保存先はGoogleコンタクト**です。外部のクラウドに保存したくないという場合は、スマホ本体（デバイス）に保存するのがおすすめです。

連絡先を削除するには、削除したい連絡先を長押しし、右上に表示される **⋮ → 「削除」** をタップします。

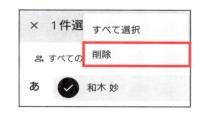

3-04 「連絡先」はどこにあるの？　79

通話と入力

05 スマホを持たずに通話できるの？

スピーカー機能やイヤホンを使えば、両手が自由な状態で通話ができます。

スマホでは、通話をしながらカレンダーで予定を見たり、メモを取ったりといった操作ができます。しかし、スマホを耳に近づけたままでは他の操作を行えません。**「電話」アプリの画面で「スピーカー」マーク**をタップすると、スマホのスピーカーから相手の声が聞こえてきます。また、自分の声はスマホのマイクが聞き取ってくれるので、**スマホを机の上に置いたまま通話**を行えます。同時に他の操作をしたいときや、長時間の通話で手が疲れてしまうような場合におすすめです。

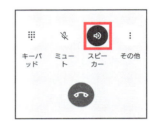

イヤホンが便利

スピーカーを使った通話では、周囲に会話の内容が聞こえてしまいます。自宅や誰もいない場所ならよいのですが、周りに人がいるときは、話を聞かれたくなかったり、マナー違反になったりもします。そのようなときは、**イヤホンが便利**です。イヤホンを使えば、相手の声はイヤホンを通じて聞こえてくるので、周囲の迷惑になることはありません。ただし、自分の声はどうしても聞こえてしまうので、小さな声で話すなど、配慮が必要です。また、イヤホンをつけたまま自転車や車の運転をすることは危険なので、絶対にやめましょう。

Bluetooth（ブルートゥース）イヤホンの接続の手順

イヤホンには、ケーブルをつないで接続する有線と**Bluetoothで接続する無線**があります。有線のイヤホンは、差し込めばすぐに使えます。Bluetoothは、**はじめて使用する際に設定が必要**です。また、**充電も必要**です。Bluetoothイヤホンの接続設定は、次の方法で行います。

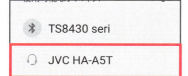

手順 ①
「設定」アプリから「機器接続」（iPhoneの場合は「Bluetooth」）をタップする。「新しい機器とペア設定する」をタップする。

手順 ②
Bluetoothイヤホンの電源を入れ、ペアリングモードにする。製品によって、電源をつけるだけでペアリングモードになるものや、イヤホン部分を押すものがある（詳しくはイヤホンのマニュアルを参照）。

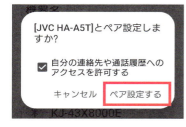

手順 ③
「利用可能なデバイス」にイヤホン名が表示されたら、タップする。「接続済み」と表示されれば、次からは自動で接続される。

手順 ④
「ペア設定する」をタップする。

イヤホンは便利だが、つけたまま自転車や車を運転することは危険なのでNG。

06 通話と入力

文字の入力が
うまくできない…

スマホですばやく文字を入力するには、フリック入力が便利です。

スマホでの日本語入力には、3種類の方法があります。「あかさたな」のケータイ配列でキーを続けてタップするトグル入力、**キーをスライドまたは払うように入力するフリック入力**、キーボードを使ったローマ字入力の3種類です。このうち、もっともすばやく入力できるのがフリック入力です。キーボード左下の「あa1」をタップしてフリック入力に切り替え、キーを押したまま上下左右いずれかにずらすと、文字の入力ができます。

キーを押したまま上下左右に指をずらすフリック入力。（ ）は、「や」の左右で入力できる。

■ フリック入力表

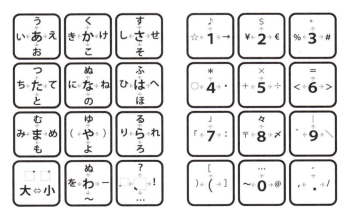

50音キーボード

50音でも入力できるの？

スマホで50音キーボードを追加することで、50音での入力ができるようになります。**キーボード上部の「歯車」**マークをタップし、**「言語」→「＋キーボードを追加」→「日本語」**をタップします。「五十音」をタップして、「完了」をタップします。
iPhoneの場合は、「地球儀マーク」を長押しして、「キーボード設定」→「キーボード」→「新しいキーボードを追加」を順にタップします。

右下のキーボードのマークを何度かタップすると、50音キーボードに切り替えることができます。
iPhoneの場合は、「地球儀マーク」で切り替えられます。

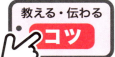

フリック入力をマスターしてタップする回数を減らせば、指への負担も減る！

通話と入力
07 「ヴ」「っ」「@」の入力方法は？

特殊な文字の入力方法を1つ1つ覚えて、すばやく入力できるようになろう。

「ヴ」や「っ」は、外来語を入力する際などによく必要になる文字です。「@」は、メールアドレスの入力の際に利用します。それぞれ、以下のキーをタップして入力します。

　　　ヴ　　　　　　　　　　っ　　　　　　　　　@

読みを入力することでも、さまざまな文字を入力できます。例えば「ゆうびん→〒」「ほし→★」「おなじ→々」のように変換して入力できます。読みがわからない場合は **「きごう」と入力して変換** すると、変換候補に記号の一覧が表示されます。変換の候補は、∨ をタップすると一覧で表示させることができます。

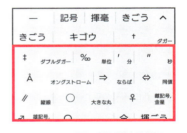

「記号」と入力すると、変換候補にさまざまな記号が表示される

特殊な記号は、読みか「きごう」と入力して変換できる。

第3章 通話と入力の「困った！」「わからない！」に答える

08 半角文字と全角文字は、どんなときに使い分けるの？

アカウントの登録時やメールアドレスの入力時など、半角入力が求められる場合があるので注意が必要です。

スマホで入力する文字には、幅が広い全角文字と、幅が狭い半角文字があります。英字や数字、カナには、同じ文字でも半角と全角の2種類があり、使い分けが必要な場合があります。**アカウント登録時のメールアドレスやパスワードの入力の際には、半角文字**での入力が必要です。反対に、全角での入力が指示される場合もあります。入力欄の表示をよく読んで判断しましょう。

@マークは、半角か全角かの見分けがつきにくいです。変換候補に「半角」と表示されているか、文字の細い方が半角です。

なぜ半角文字と全角文字があるの？

コンピュータは、もともと英語の文字しか利用できませんでした。英語の文字は形がシンプルなため、データの最小単位（1バイト）で表現できました。これが、世界中で使用できる半角文字です。しかし、漢字やハングルといった英字よりも複雑な文字は1バイトでは作ることができず、2バイト使う必要がありました。これが全角文字です。

アカウント登録やメールアドレスの指定の際は、全角、半角の指定に注意しよう。

09 音声では入力できないの？

通話と入力

スマホでは、音声での入力もできます。

スマホの画面は小さいため、指での入力が難しく感じる人もいるかもしれません。そのようなときは、**音声入力がおすすめ**です。スマホでの音声入力は、キーボード横にある**「マイク」マークをタップ**することで利用できます。音声入力をはじめて利用するときは許可を求めるメッセージが表示されるので、「アプリの使用時のみ」や「許可」をタップします。また、Googleなどの検索サイトの検索窓にも「マイク」マークがあり、これをタップして音声入力で検索することができます。

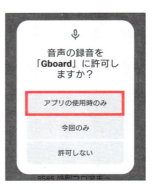

音声入力がオンになると、「お話しください」と表示され「マイク」マークがふわふわ動くので、スマホに話しかけましょう。右上に、音声読み取り中のマークも表示されます。

音声入力のコツ

 音声入力がうまくできないんだけど…

音声入力の際には、**雑音のない環境で、ゆっくり、はっきり話す**ようにしましょう。「中小」「抽象」「中傷」など同じ読み言葉の場合は、イントネーションのちがいによって入力される文字が変わります。また、よくある言いまちがい「せろん」と「よろん」、「グーグル」と「グルグル」にも注意しましょう。普段から積極的に音声入力を使っていると、だんだん上手に入力できるようになります。

なお、**同じ読み（同音異義語）** や、あまり使われない**専門用語**などは、**キーボードから入力したほうが速い**かもしれません。言葉の一部をキーボード入力で補うなど、工夫してみましょう。

■ **同じ読みの言葉**

こうしょう（交渉、校章、考証…）　　こうせい（構成、校正、後世…）
しこう（思考、指向、至高…）　　ほうおう（訪欧、鳳凰、法王）

■ **勝手に置き換わってしまう言葉**

二十四節季→20世紀　　処暑→証書　　春霖→森林　　格子→子牛

■ **専門用語**

イブプロフェン　　アセチルサリチル酸　　サステナビリティ
かんやまといわれびこのみこと　　クアッド　　エレキ族

 **文字入力が苦手なら、音声での入力や検索を活用しよう。**

10 入力の履歴を消したい！

入力履歴は、「プライバシー」から消すことができます。

スマホで入力した内容は、履歴として保存されています。**入力履歴は変換時の候補として表示される**ため、以前入力した内容をもう一度入力する場合に便利です。入力履歴を残しておきたくないという場合は、消去することでプライバシーを守れます。

入力履歴を削除するには、入力画面で「歯車」マークをタップし、「プライバシー」→「学習した単語やデータの削除」の順にタップします。iPhoneの場合は、「設定」アプリで、「一般」→「転送またはiPhoneをリセット」→「リセット」→「キーボードの変換学習をリセット」をタップします。

検索履歴を消すには

Googleなどの**検索窓にも、履歴は残っています**。検索履歴を削除するには、検索窓をタップし、少し下にスクロールして**「履歴を管理」**をタップします。初回は「ログイン」→「Googleアカウント」の順にタップします。**「削除」→「すべて削除」**の順にタップし、最後に「次へ」→「削除」の順にタップすると履歴を削除できます。
iPhoneの場合は、P.147で解説している方法で、消去できます。

第 4 章

アプリ
の
「困った！」「わからない！」
に答える

スマホを便利に活用するには、アプリが必要です。スマホを使いこなせる人は、アプリを上手に使いこなしています。4章では、そんなアプリに関するさまざまな疑問にお答えします。また、スマホにアプリを入れる方法や、おすすめのアプリをご紹介します。

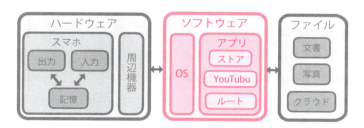

01 スマホにアプリを追加する方法を教えて！

アプリのインストールは、PlayストアまたはApp Storeを利用します。

第4章 アプリの「困った！」「わからない！」に答える

スマホを活用するには、**使いやすいアプリ選びが大切**です。スマホにはあらかじめたくさんのアプリが用意されていますが、必要に応じてアプリを追加することができます。アプリを探すには、**Androidの場合はPlayストア**、**iPhoneの場合はApp Store**を利用します。分類やアプリ名などで検索し、「インストール」または「入手」をタップすれば、インストールが始まります。有料のアプリもありますが、無料のアプリを選べば問題ないでしょう。ここでは、スマホにアプリをインストールする流れを説明します。

手順 ①
ホーム画面またはアプリ一覧から「Playストア」または「App Store」をタップする。

手順 ②
下部の「アプリ」をタップする。

手順 ③
スライドすると、おすすめのアプリを確認できる。左右にスライドすると、さまざまなアプリが表示される。

手順 ④

最上部では、「おすすめ」「コミック」「ランキング」「子供」などの分類で絞り込むことができる。

手順 ⑤

インストールしたいアプリをタップして、「インストール」をタップする。

手順 ⑥

支払いの画面が表示されたら、「次へ」をタップする。「アカウント設定の完了」の支払い設定で、「スキップ」をタップする。

手順 ⑦

インストールが完了し、「開く」をタップすると、アプリを利用できる。アプリ一覧画面にも追加されている。

コラム

有料のアプリを購入するには？

有料アプリを購入するには、クレジットカードで支払う、携帯通信会社に支払う、コードを利用するといった支払い方法があります。安心なのはコードの利用で、コンビニなどでコードを記載したカードを購入します。なお、有料アプリには月々の使用料がかかるサブスクリプション形式（P.103）のものもあります。どうしても必要な場合を除き、無料、または買い切りのアプリを選びましょう。

02 アプリとホームページのちがいは何？

ホームページとちがい、アプリにはスマホ内のデータへのアクセスや通知の機能があります。

アプリを使わなくても、ホームページ上で利用できるサービスはたくさんあります。ホームページならではのメリットとしては、アドレスバーから他のホームページのサービスに移行しやすいということがあります。一方でアプリには、画面が見やすく整えられている、**すばやく起動できる、通知をしてくれる**といった利点があります。反面、スマホ内にデータを保存するための容量が必要になる、スマホ内の連絡帳や写真、位置情報などへのアクセスが必要になることがある、アプリの通知も数が多くなると煩わしくなるといったデメリットがあります。

第4章 アプリの「困った！」「わからない！」に答える

アプリ版のYahoo！乗換案内。アプリ用に画面が整えられており、使いやすい

ホームページ版のYahoo！乗換案内。パソコン版と同じ内容をスマホの画面に収めているため、アプリ版と比べて要素が小さく見づらい印象

92

アプリとホームページの使い分け

アプリとホームページの比較を、以下の表にまとめてみました。アプリとホームページの両方で利用できるサービスも多いので、使い勝手のよい方を選びましょう。基本的には、インストールの必要がないホームページ版の利用を優先するのがおすすめです。

なお、「LINE」や「ペイペイ」「＋メッセージ」「マイナポータル」のようにアプリしかないサービスや、「ハローワーク（公式）」「高解像度ナウキャスト」のようにホームページしかないサービスもあります。

	アプリ版	ホームページ版
起動	すぐに起動できる	アクセスに、いくつかの操作が必要（ホーム画面に配置して、すぐにアクセスすることは可能）
操作	スマホに最適化されていて、操作しやすい	文字が小さかったり、要素が近いことがある
通知	あり	なし
更新	アプリの更新が必要	常に最新
セキュリティ	よく確認が必要	ホームページにより異なる
容量	空きストレージが必要	ストレージが不要
スマホへのインストール	AndroidやiOSへの対応が必要	端末に関係なく利用可能
ネット環境	なくても利用可能な場合も	ネット環境は必須
価格	無料と有料がある	基本、無料
支払い	一元管理が可能	管理は各ホームページ上で行う

**ホームページ版の利用がおすすめ。
頻繁に使うサービスなら、アプリを使おう。**

03 アプリの選び方を教えて！

アプリにはたくさんの種類があるので、どれを使えばよいのか迷います。選び方の基準があるので、覚えておきましょう。

アプリには、同じような機能を持つものも少なくないため、どれを選べばよいのか迷います。無料だからといって、**たくさんのアプリを入れればよいというわけでもありません**。アプリをたくさん入れると、**スマホの保存容量（ストレージ）が使われる**ことになり、動作が遅くなることがあります。また、アプリの数が多いとそれだけ**多くの通知が届く**ことになり、本来必要な作業に集中しにくくなります。セキュリティに問題のあるアプリを入れてしまうこともあるため、アプリは**よく選んでインストール**するようにしましょう。私が考える「よいアプリ」の基準は、以下の通りです。

■ **評価が高いアプリ**
アプリのインストール画面に表示されている、★や評価を参考にしましょう。**極端に評価の低いアプリや広告として表示されるアプリは避けましょう**。

■ **書籍、雑誌、新聞で紹介されているアプリ**
アプリ内のランキングや検索で探しても、広告だったり、個人情報の取り扱いに注意が必要なアプリが出てきたりします。**書籍、雑誌、新聞で紹介されているアプリを選ぶ**のが無難です。

■ **周りの人が使っているアプリ**
スマホに詳しい家族や友人が使っているアプリを使うのもおすすめです。すでに使っている人がいるということで信頼できますし、使い方がわからなければすぐに聞けます。

また、以下のように自分の希望と機能の一覧表を作成することで、最適なアプリやサービスを選ぶ方法もあります。

	私の希望	Yahoo!カーナビ	Googleマップ	moviLink
操作	しやすいものが希望	様々な機能にアクセスしやすい 拡大縮小しやすい	地図の情報量が多く、見にくい 拡大縮小しにくい	地図の情報量が多く、見にくい 拡大縮小しにくい
機能	多い方がよい。渋滞の精度が高いのが希望 日本国内のみ	出発時間の変更 レーン案内 オービス 渋滞情報の反応が遅い ルート再検索	出発時間の変更 渋滞情報の精度が高い 検索に強い 世界の道路に対応	渋滞情報の精度が高い ドライブレコーダ ルート再検索NG 周辺地図検索
徒歩の対応	必要ない	×	○	○
価格	無料が希望	無料（広告あり）	無料	無料（広告あり）

多くのアプリに共通の機能がある

アプリによって使い方がちがうのは困るんだけど？

アプリごとに使い方を覚えるのはたいへんと感じるかもしれませんが、アプリの多くに共通する機能があります。また、共通の機能は共通のデザインになっていることが多いです。若干の絵柄のちがいはあるものの「この絵柄のボタンはこの機能」と覚えておくと、応用が効くようになります。裏表紙にも一覧を記載していますので、参考にしてください。

アプリって入れすぎても大丈夫？ 遅くならない？

アプリが多いと保存領域が必要で、動作も遅くなる可能性があります。通知の増加や安全性からも、慎重に選んでインストールするようにしましょう。

アプリの中には、セキュリティ面で問題のあるものもある。慎重に選んでインストールしよう。

04 日々の生活に役立つアプリを教えて！

日々の生活に役立つアプリとして、予定、天気、翻訳、ルート、防災、旅行などのアプリがあります。

日々の生活に役立つアプリの多くは、スマホに最初から用意されていることが多いです。アプリが見つからない場合は、「Playストア」や「App Store」で探します。

カレンダー

便利なアプリとして、予定を登録する「カレンダー」アプリがあります。

手順①

ホーム画面またはアプリ一覧から、「Googleカレンダー」をタップする。iPhoneの場合は「カレンダー」をタップする。はじめてアプリを起動した場合は、かんたんな説明やメッセージが表示される。左に何度かスライドして、「終了」をタップする。

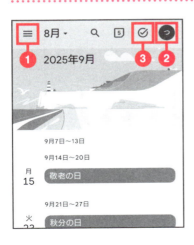

手順②

すると、カレンダーが表示される。日付をタップすると、予定を追加できる。

❶ 予定の表示を「日」「3日間」「1週間」「1ヶ月」に切り替えられる
❷ カレンダーと連携しているGoogleアカウントを確認できる
❸ 「タスク」（次ページ参照）を表示する

リマインダー

「リマインダー」アプリは、**やることの内容と日時を登録**しておくと、その時間にお知らせしてくれるアプリです。

手順 ①
ホーム画面またはアプリ一覧から「アシスタント」を長押しして、「設定」をタップするか、「カレンダー」アプリで「タスク」をタップする。iPhoneの場合は、「リマインダー」を起動する。

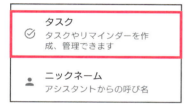

手順 ②
下にスクロールし、「タスク」をタップする。iPhoneの場合は、「新規」をタップする。

手順 ③
「タスクを追加」をタップし、「予定名」「詳細」「日時」を入力する。Androidの場合、スマホに向かって、「OK、グーグル。15時に、卵を買うとリマインドして」と話しかけても登録できる（P.66）。

乗換案内

徒歩や電車の移動の場合に経路や乗り継ぎの方法を教えてくれるのが、「地図」アプリや「乗換案内」アプリです。「地図」アプリの機能は簡易的なものなので、詳しい乗換案内を調べるには、「ナビタイム」や「Yahoo！乗換案内」といった「乗換案内」アプリがおすすめです。

手順 ❶

ホーム画面またはアプリ一覧から「マップ」をタップする。

手順 ❷

「検索窓」をタップし、行き先を入力する。

手順 ❸

行き先の詳しい情報が表示される。「ナビ開始」をタップすると、ルート案内が表示される。車では行くことができない道も案内されるので、注意しよう。

Yahoo！カーナビ。日本国内の自動車のナビに強い

NAVITIME・Yahoo！乗換案内を使うと、電車やバスの乗換案内や、時刻表の確認ができる

旅行関連

旅行を楽しむためのアプリを紹介します。チケットの購入や情報収集、ルート案内などのアプリがあります。

EX・ANA。新幹線の乗車や飛行機の搭乗に利用する

るるぶ＋・Trip Advisor・じゃらん。旅先の情報を検索できる

翻訳

会話や文章の内容を翻訳（通訳）するアプリです。PlayストアやApp Storeで「翻訳」で検索し、インストールしましょう。最初の起動時に音声へのアクセスや通知をオンにするように求められたら、「アプリの使用中」を選びます。

Papago AI翻訳

話す翻訳機

天気予報

天気予報の他、**気温や降水確率などを確認**できるアプリです。現在地の天気や、指定した場所の数時間先の雨雲をチェックできるので、外出時の豪雨対策にもなります。

Yahoo！天気。雨雲レーダーや服装指数などがわかる

ウェザーニュース。ライブカメラの確認もできる

防災・防犯

災害の予防や発生時に役立つアプリです。地震、台風、避難情報、防災情報、注意報を確認できます。**各地域の防犯情報を確認**するアプリもあります。通知をオンにしておくことで、近隣の災害・犯罪情報の見逃しを防ぎます。

NHK防災。ニュース機能もあるため、いざというときにすぐに使える

学びや娯楽を楽しめるアプリを教えて！

スマホでよく利用されている娯楽アプリが、YouTubeやゲーム、マンガです。また、語学学習アプリもよく利用されています。

スマホで利用される学びや娯楽といったとき、真っ先に挙げられるのが動画やゲームでしょう。なかでも**YouTube（ユーチューブ）は、もっとも人気のある動画投稿＆視聴サービス**です。ゲームは、子どもからシニアまで楽しめる脳トレやパズルゲームなどが豊富に揃っています。**YouTubeとゲームはどちらも通信容量が多くなる**ので、Wi-Fiに接続するか（P.32参照）、容量の多い契約にするのがおすすめです（P.50参照）。マンガは、スマホの小さい画面でも読みやすい、縦型のものも増えています。

YouTube

YouTubeでは、ニュースや音楽、学習、フィットネス、ペット、おもしろ動画など、さまざまな種類の動画を楽しめます。

YouTube

手順 ①

アプリの一覧から、「YouTube」をタップする。最初にホーム画面が表示されるので、下にスライドするか、「分類」を左方向にスライドすると、ゲームや野球などの分類が表示される。「ショート」は短い動画の分類。

❶分類
❷検索
❸動画

第4章 アプリの「困った！」「わからない！」に答える

手順 ❷

見たい動画をタップすると、動画の再生画面が表示される。最初はCMが流れるので、CMが終わると表示される「スキップ」をタップする。

❶ 停止
❷ 次の動画の再生
❸ 最大化
❹ 設定（画質や再生速度、字幕の表示など）

ゲーム

スマホのアプリには、**脳トレやパズルなどのゲーム**もたくさんあります。標準アプリとしては入っていないため、PlayストアやAppStoreから探してインストールしてみましょう。

PEAK

ナンプレ

LINE：ディズニー ツムツム

マンガ

マンガもまた、スマホでよく読まれています。マンガを読むための専用アプリもあります。検索すると、懐かしいマンガも探せます。

LINEマンガ

ピッコマ

語学学習

語学はYouTubeの動画で学習することもできますが、語学学習アプリを使えば、**発音のチェックをしたり、やる気を持続させてくれる工夫**があったりします。人気の語学学習アプリには、次のようなものがあります。

 Duolingo

 Memrise

 Rosetta Stone

 どうして無料で使えるアプリがあるの？

無料で使えるアプリには、収益化の方法が備わっています。無料アプリの収益化には、オプションの機能を有料で提供するタイプと、広告を表示させることで広告主から利益を得ているタイプの2種類があります。LINEやTikTokは、広告主から利益を得ています。まれに、マーケティング情報として購入履歴や移動距離といった個人情報を収集することで収益化を行っているアプリもあります。

LINEのトーク一覧に広告が表示されている

 **スマホでは、YouTubeやゲームの遊びすぎに注意しながら楽しもう。**

> **コラム**

有料アプリとアプリ内課金とサブスクリプション

アプリの多くは無料で利用できますが、中には有料のものもあります。有料アプリには、課金方式によって4つの種類があります。

①無料アプリ内の課金

無料で利用できますが、機能を追加したりアイテムを入手したりするのに費用が必要になるタイプです。このタイプの課金方式は、マンガやゲームに多いです。LINE内で購入できるスタンプも、アプリ内課金です。

LINE（ライン）- 通話・メールアプリ
LINE (LY Corporation)
広告を含む・アプリ内課金あり

②無料アプリのサブスクリプションへの移行

無料で利用できますが、機能の追加や広告を非表示にするには、月々費用を支払うサブスク契約への移行が必要なタイプです。代表的なものに、動画の「YouTubeプレミアム」や音楽の「Spotify」があります。

1か月間無料トライアル、以降は¥2,280/月・いつでも解約可能

¥0で1か月間試す

個人プランまたは学割プランを購入

③買い切りの有料アプリ

最初に一度料金を支払えば、永続的に使い続けることができるタイプです。バージョンが変わったり、スマホを買い替えたりするときに、買い直しの必要があるアプリもあります。Minecraftやお絵描きアプリなどがあります。

Minecraft
Mojang
アプリ内課金あり
4.2★
391万件のレビュー　エディターのおすす

¥1,120

Chrome OS版は別売りです

④継続して支払うサブスクリプション

利用には月々一定の料金を支払う必要のあるタイプです。セキュリティアプリやMicrosoft 365 Copilotなどがこのタイプです。アプリをインストールし、最初に利用する際にサブスクリプションの契約を行います。サブスクリプションの契約は、P.108の方法で確認できます。

06 アプリストアで目的の アプリが見つからない！

Playストアや App Storeで検索する他、ネットのランキングからも探してみましょう。

アプリは数が多すぎるので、思ったようなアプリがなかなか見つからないこともあります。ここでは、絵を描くアプリを例に、アプリの探し方の流れを説明します。

手順 ❶
どんな絵を描くアプリがほしいか考える（白黒か、水彩画か、筆の太さが選べた方がよいかなど）。次に、絵を描くアプリを選ぶための優先度を決める。
例）①無料　②絵を描く練習になる　③日本語で利用できる

手順 ❷
「Playストア」または「App Store」を開き、「検索」をタップする。

手順 ❸
「絵　練習」で検索する。キーワードは短めの方がよく、キーワードとキーワードの間にはスペースを入れる。

手順 ❹
表示されたアプリ一覧から、好みのものをタップすると、アプリの紹介画面が表示される。

手順 ❺

下にスクロールすると、「収集されるデータ」「評価とレビュー」「類似のアプリ」が表示される。レビューを参考にしながら、インストールするかどうかを決める。無料で好評だからといって自分に向いているとは限らないので、注意が必要。

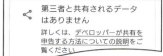

ネットで検索してアプリを探す

 インターネットで検索して、アプリを探せるの？

インターネットで検索してアプリを探す方法では、主要なアプリしか見つけられません。自分に合っているかどうかよりも、利用者の多いアプリを探すのに適しています。アプリ名がわかったら、「Play ストア」または「App Store」で検索し、インストールするかどうか判断します。AI（P.154参照）で探すのもおすすめです。

コラム

アプリが収集するデータに注意

アプリの紹介画面には、位置情報や写真、連絡先など、そのアプリがアクセスするスマホ内のデータが表示されています。アプリ起動時に、位置情報や連絡先にアクセスしてよいかどうかをたずねるメッセージが表示されるので、「許可しない」をタップすればデータ収集を拒否することができます。安全性への不安がある場合、そのアプリの利用は控えた方が無難でしょう。

某動画編集アプリでは、個人情報、位置情報も収集されている

07 不要なアプリは削除できるの？

不要になったアプリは、かんたんに削除できます。

スマホにアプリをインストールしていくと、いつのまにかアプリの数が多くなりがちです。ホーム画面やアプリ一覧が見づらくなる他、スマホの容量を取られてしまうため、**不要なアプリは削除**しましょう。アプリを削除することを、「アンインストール」と言います。

アプリを削除するには、ホーム画面またはアプリ一覧のアプリを長押しして、「アンインストール」または「アプリを削除」をタップします。
「アンインストールしますか？」のメッセージで「OK」をタップすると、アプリが削除されます。

コラム　アプリを非表示にする

アプリ一覧に表示されるアプリが多い場合、アプリを長押しして「カスタマイズ」→「アプリドロワーから隠す」をタップすると、アプリを非表示にできます（Androidの場合）。ただし、再度表示するには、「ホーム」アプリの「設定」→「非表示のアプリ」から探すなど、難易度が高いです。非表示にせず放っておくか、不要であれば削除するのが無難です。

「アンインストール」できないアプリの削除と管理

Androidアプリの中には、長押ししてもメニューに「アンインストール」が表示されないものがあります。削除できないアプリは無理に削除しなくてもよいのですが、スマホの容量がいっぱいになるような場合は、慎重に削除しましょう。長押しで削除できないアプリは、次の方法で削除します。この方法でも削除できない場合は、**アプリを長押しして**、表示されたメニューから**「アプリ情報」または「！」をタップし、「無効」か「強制停止」を選択**します。

手順 ①
「Playストア」をタップし、右上のアイコンをタップする。アイコンが表示されていない場合は、左上の「←」を繰り返しタップする。

手順 ②
「アプリとデバイスの管理」をタップする。

手順 ③
「管理」をタップする。容量が大きく使用していないアプリや、「配信終了」しているアプリの□（チェックボックス）をタップする。複数タップできる。

手順 ④
右上の「ゴミ箱」をタップする。続けて、「アンインストール」をタップする。これで、アプリを削除できる。

08 毎月、Googleからの引き落としがあるんだけど？

アプリにいくら支払っているかは、Playストアから確認できます。

アプリの中には、買い切りのものだけでなく、**月や年ごとに定期的に費用がかかる契約**のものがあります（P.103）。これが、**サブスクリプション、略してサブスク**と呼ばれるものです。契約したものの使わずにお金だけ払っていることもあるので、以下の方法で不要になったアプリのサブスクリプションを解約しましょう。iPhoneの場合は、**「設定」→ 最上部のApple ID →「サブスクリプション」**を順にタップすると、サブスク契約の確認ができます。

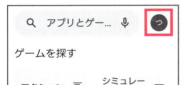

手順 ①
「Playストア」をタップし、右上のアイコンをタップする。

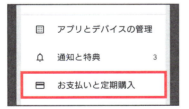

手順 ②
「お支払いと定期購入」をタップする。

手順 ③
「定期購入」をタップする。

手順 ④
「定期購入」の一覧が表示される。解約したいアプリをタップする。

手順 ⑤
「定期購入を解約」をタップする。

サブスクリプションの管理

　そう言えば、他にも毎月お金のかかっているものがいっぱい…

最近、携帯電話の通信費用の他に、動画や音楽など、月額で費用のかかるサービスが増えてきました。スマホの「メモ」アプリなどで、月々支払っているサービスと金額の一覧表を作成しておくとよいでしょう。「Playストア」や「App Store」で「サブスク　管理」や「固定費　管理」で検索すると、サブスクリプションを管理するアプリを見つけることもできます。

サブスクリプションを管理できる「サブスク管理」

「定期購入」を確認して、無駄な支払いがないか定期的に把握するようにしよう。

アプリのアイコンが見つからない！

アプリ一覧で検索して見つける方法が便利です。

スマホを使っていると、いつのまにかアプリの数が増えていきます。使用したいアプリが見つからない場合は、以下の方法で検索して見つけることができます。

手順 ①
アプリ一覧を表示させて、「検索窓」をタップする。

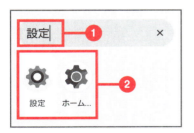

手順 ②
アプリ名を入力すると❶、当てはまるアプリが下部に表示される❷。アプリのアイコンをタップすると、アプリを起動できる。

アプリ名を忘れた場合

アプリの名前を覚えていないんだけど…

アプリの名前を忘れてしまった場合は、アプリ一覧から1つ1つ確認していきます。面倒に感じる場合は、**検索窓に1文字だけ入れて、候補を探す**方法もあります。例えばGoogle関係のアプリであれば、「g」を1文字だけ入力すると候補が現れるので、思い出すきっかけにもなります。

1文字入力するだけで、該当するアプリが見つかることもある

なお、アプリ一覧から検索できるのはアプリ名やその一部がわかっている場合のみで、**キーワードや機能での検索はできません**。必要なアプリをすぐに見つけられるように、不要なアプリは削除したり（P.106）、ホーム画面に配置したりするなどして（P.56）、整理しておくようにしましょう。

設定が見つからない！

「設定」アプリでも、目的の設定項目を検索して見つけることができます。例えば「明るさ」や「USB」で検索すると、関連する設定項目が表示され、すばやく設定を変更できます。アシスタント（P.66）を使い、音声で設定を変更することもできます。

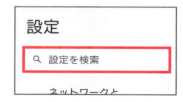

「設定」アプリの上部から設定項目を検索できる

アプリ一覧の検索窓に1文字入れることで、アプリをすばやく見つけることができる。

10 アプリの操作方法がわからない！

アプリにはマニュアルがなく、日々使い方も変わります。

人気のアプリの中には使い方を解説したネット記事やYouTubeの解説動画のあるものもありますが、ほとんどの**アプリには使い方の解説がありません**。アプリを使うには、ちょっとしたコツがあります。アプリを自在に使えるようになるには、**日々、いろいろなアプリを使ってみる**のが効果的です。次の点に注意しながら、操作していきましょう。

Step1　表示されるメッセージに対処する（P.26参照）

インストール後にはじめてアプリを起動した際には、さまざまなメッセージが表示されます。また、利用を続ける中でも、多くのメッセージが表示されます。メッセージの内容をよく読んで、「次へ」をタップし、進めていきましょう。なお、メッセージの中には有料版へと誘導するものがあります。意図せず有料の契約を結んでしまわないように注意しましょう。

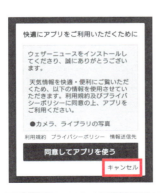

無料のまま利用するなら、「キャンセル」や「閉じる」をタップすればよい

第4章　アプリの「困った！」「わからない！」に答える

Step2　アプリの各部名称を知る（裏表紙参照）

アプリに使われている**ボタンやメニューの絵柄の意味を知っておく**と、アプリを使いこなすことができます。共通の機能には、共通のデザインが割り当てられています。

歯車マークは「設定」

Step3　アプリに指示する方法を知る

アプリの操作画面によく出てくるものに、**トグルスイッチ**や**ラジオボタン**があります。これらの使い方を知っておくことで、アプリに指示する方法がわかります。アプリの他、インターネット上のサービスやスマホの設定画面でもよく使われています。

トグルスイッチ：項目に対してオンとオフを指定する

スライド：つまみをドラッグして音量や色などを調整する

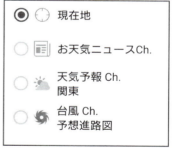
ラジオボタン：複数の選択肢の中から1つを選択する

 それでも使い方がわからなかったら？

アプリの中には、そもそも操作方法がわかりにくいものがあります。**初心者の方は「自分が悪い」と思いがち**ですが、**アプリ自体にも問題がある**ことを知っておきましょう。

4-10　アプリの操作方法がわからない！　113

コラム

危険なアプリを知っておこう

アプリの中には、危険なアプリや注意が必要なアプリも少なくありません。カジノなど、違法なアプリもあります。インストールする前に、「アプリ名＋危険」などのキーワードで検索して調べる習慣をつけましょう。

● インストールをおすすめできないアプリ

以下は、これまでに詐欺広告や個人情報の不正収集が指摘されたアプリのジャンルです（()内は具体的なアプリ名）。これらのジャンルのアプリは判断が難しいため、インストールは控えましょう。

メンテナンス／メモリークリーナー（「Virus Cleaner」）／バッテリー管理（「DU Battery Saver」）／VPN／キーボード着せ替えアプリ／クリーンマスター

キーボード着せ替えアプリのSimeji。個人情報漏洩などの問題が発覚した

● ニセモノのアプリ

セキュリティアプリを装った、偽物のアプリもあります。セキュリティアプリは、スマホに標準で入っているものの他、「ウイルスバスター」や「ESET スマートセキュリティ」など、有名なものを利用しましょう。

● グレーなアプリ

安全性が疑問視されているアプリもあります。特に、広告が過度に表示されるアプリや、アプリの機能に必要ないはずの位置情報や連絡先、写真へのアクセスを求めるアプリ等です。

TikTokは中国の企業が開発したアプリ。米国や欧州では、規制や利用禁止が議論されている

第 5 章

コミュニケーション
の
「困った！」「わからない！」
に答える

スマホのもっとも重要な役割は、コミュニケーションです。メール、SMS、SNS、チャット、LINE、Zoom など、その方法は多種多様になり、日々進化しています。5章では、スマホを使ったコミュニケーションの方法や、写真の送り方、LINEのかんたんな使い方などを解説します。まったく新しいコミュニケーションの形である、メタバースにも触れています。

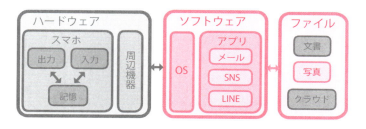

01 メール？SMS？どのアプリで連絡すればよいの？

メールやSMSは、時と場合に応じて使い分けよう。

スマホを使ったコミュニケーションには、電話の他に**メールやSMS（ショートメール）、LINEなどのチャットアプリ**など、たくさんの方法があります。相手に合わせて選ぶことも多いですが、それぞれ得意なことと不得意なことがあります。状況に応じて使い分けられるとよいでしょう。

■ 電話

電話は、音声での親密なコミュニケーションが得意ですが、相手が対応できる**時間が限られています**。**緊急を要する場合**や、込み入った相談が必要な場合に向いています。通話の内容が録音されていない場合、パスワードを伝えるなど、**記録が残らないことのメリット**もあります。

■ SMS

「メッセージ」アプリを利用して、携帯電話の電話番号宛に短いメッセージを送信する方法です。他の方法と異なり、**送信時に3円～程度の料金**がかかります。携帯電話番号がわかっていれば送信できます。主に音声用の電話回線を使うため、インターネットに接続できない状況でも送信できます。Androidの**「＋メッセージ」**アプリは、インターネットへの接続が必要ですが、画像やスタンプを無料で送ることができます。

■ メール

文字、画像やファイルを送信できます。パソコンでも利用できるので、**ビジネス用途で多く使われています**。Googleの「Gmail」やiPhoneの「メール」アプリなどがあります。携帯通信会社が発行する@docomo.ne.jpや@ezweb.ne.jpといったアドレスを使用するサービスとして、MMSがあります。

■ **チャット・メッセンジャー**

テキストでやり取りをするコミュニケーションツールです。メールとちがい、**読まれたかどうかがわかります**。記録を残しておくことができるので、スマホを買い替えても以前のやり取りを確認できます。SMSと異なり、無料で利用できます。

■ **LINE**

特に**利用者数の多いチャットアプリ**です。多くの人が利用しているため、家族や知人間でのやり取りに利用されることが多いです。読まれたかどうかを確認できる他、スタンプやグループ機能などがあります。

 送信したメッセージは取り消せないの？

一度送信したメッセージは、一部のアプリを除いて取り消すことができません。取り消せるアプリでも、送信後24時間以内のメッセージに限られるなどの制限があります。大切なメッセージは**いったん送信を保留して、内容を確認してから送信**する習慣をつけましょう。

 既読をつけずに読みたいんだけど…

メッセンジャーやLINEでは、メッセージを読んだかどうかが相手に伝わるしくみになっています。しかし、知らない人からのメッセージや安全性が疑われる場合など、既読をつけずに中身だけ確認したい場合もあります。LINEの場合、通知をオンにしていれば、**通知画面でメッセージの一部を確認**できます。iPhoneでは、LINEの**トーク一覧画面で長押し**すると、既読をつけずにメッセージの中身を確認できます。

5-01 メール？SMS？どのアプリで連絡すればよいの？　117

写真の送信と受信

コミュニケーションツールの中には、写真などのファイルを送れるものもあります。動画など、サイズの大きなファイルは送れない場合があるので注意が必要です。動画の送信について、詳しくはP.127を参照してください。

手順 ①
メッセージアプリを起動する。ここでは「＋メッセージ」アプリを起動する。写真を送りたい相手をタップする。

手順 ②
「＋」をタップする。

手順 ③
上にスライドして、送信したい写真をタップする。写真を長押しすると、複数の写真を選択できる。

手順 ④
右下の「紙飛行機マーク（送信）」をタップする。

コミュニケーションアプリの比較表

スマホを使ってコミュニケーションを行うアプリはたくさんあります。どれか1つを使うのではなく、状況や相手に応じて選べるようになりましょう。それぞれの特徴やちがいは、下記の通りです。他にも、**InstagramやXといったSNSのメッセージ機能でやり取りする方法**もあります。

緊急 ←――――――――――→ 時間に余裕がある

分類	電話	LINE	チャット	SMS ショートメッセージ	プラス メッセージ	メール
代表的なアプリ	電話	LINE	メッセンジャー ChatWork	メッセージ (iOS Android/) SoftBank メール	プラスメッセージ (Android)	Gmail、ドコモメール auメール SoftBankメール Yahoo!メール 他多数
主な特徴	音声による直接のやりとり	利用者の多いサービス	アカウント登録者どうしでのやりとり	短いメッセージ	SMSの進化版	古くからある連絡方法
利用場面とメリット	緊急時、双方向でのやりとり 感情が伝わりやすい データ通信が不要	家族・友人間など幅広く ビジネス利用は注意が必要 グループ機能	ビジネス・プライベートで 相手が開いている (オンライン) かがわかる グループ機能	緊急時の簡単な連絡 アカウントの認証に 電話番号のみで連絡可能 プラスメッセージ同士なら無料	組織やビジネス向け 文章での詳細な連絡 長期的に記録が残しやすい 送信日時指定 メルマガ等の受け取りに
デメリット	記録が残らない、場所やタイミングに依存	アカウント登録が必要 事前に友達登録している必要がある 安全性に疑問 通知が多くなる場合も		文字数に制限がある 送信にお金がかかる	携帯通信会社により、使えない場合も	返信が遅れる可能性がある 軽いやり取りには不向き 迷惑メールが多い
スタンプ	×	◎	△	△	○	△
既読機能	なし	○	Facebook メッセンジャーのみ	なし	あり	なし
ファイル送信	×	○	○	○	△	◎
取り消し機能	×	○	一部可能	×	×	△（Gmail 等）

教える・伝わる コツ

記録に残すならメールやメッセンジャー。緊急の場合は、電話やSMSがおすすめ。

5-01 メール？SMS？どのアプリで連絡すればよいの？　　119

メールの使い方を教えて！

コミュニケーション 02

Gmailの利用方法を知りましょう。

スマホでメールを送受信する方法には、「Gmail」（ジーメール）や、携帯通信会社が用意している「メール」アプリがあります。どのスマホでも**共通で利用できるのは、「Gmail」**です。「Gmail」はAndroidにはあらかじめインストールされていますが、iPhoneでは後からインストールを行う必要があります。「Gmail」はクラウド上にメールの情報を保存しているため、スマホやパソコンなど端末が変わっても同じ内容を確認できます。迷惑メール防止機能やウイルスメールの防止機能など、安全性も高いです。また、「Gmail」を使って、**携帯通信会社や他のメールのやり取りを行うことも**できます。

手順 ①
アプリの一覧から、「Gmail」アプリをタップする。

手順 ②
受信トレイが表示される。
❶メニュー：送信済みメールや迷惑メール、ゴミ箱内のメールを表示する
❷メッセージを検索できる
❸アカウント：Googleアカウントの設定や切り替えができる
❹メッセージ一覧：受信したメッセージの一覧が表示される
❺作成：メールの作成ができる

手順 ❸

「作成」をタップすると、メールの作成画面が表示される。

- ❶ 添付ファイル：写真やファイルを選択して添付できる
- ❷ 送信：タップすると送信できる
- ❸ ︙：送信日時の指定や設定、連絡先（コンタクト）からの宛先入力ができる
- ❹ 宛先：送信先のメールアドレスを入力する。アドレスの1文字目を入力すると候補が現れる
- ❺ 件名：メールのタイトルを入力する
- ❻ メールを作成：メールの本文を入力する

メールに返信する

メールに返信するにはどうすればいいの？

受け取ったメールに返信するには、メッセージ一覧の画面で返信したいメッセージをタップし、下部に返信内容を入力します。また、をタップして通常のメール作成画面から返信することもできます。入力が終わったら、「紙飛行機マーク（送信）」をタップします。

なお、メール特有のルールについては、P.138で詳しく説明しています。

最下部の入力欄に返信内容を入力する

5-02　メールの使い方を教えて！

いらないメールを削除して整理したい！

不要なメッセージを削除するには、メッセージの一覧画面で長押しします。削除したい**メッセージを選択し、「削除」**をタップすれば、削除できます。メッセージは、複数選択して一度に削除することができます。

ほとんどのアプリ共通で「ゴミ箱」マークが削除の役割になっている

「＋メッセージ」の使い方

メールアドレス宛にメールを送信する「メール」アプリに対して、携帯電話の**番号宛にメッセージを送信するのが「メッセージ」アプリ**です。「メッセージ」アプリとしてよく使われているのが、「＋メッセージ」です。長文や画像を送る際に使う「メール」に対して、「メッセージ」では短い文章を送ることが一般的です。「メッセージ」は、アカウント作成時やログイン時（P.12）に、**本人確認用のパスコードを受け取る際にも利用**されます。「＋メッセージ」の使い方は、以下の通りです。

手順①
アプリの一覧から「＋メッセージ」をタップする。

手順 ②

内容を確認したいメッセージをタップする。

① 届いたメッセージ
② 連絡先を見る
③ 自分の電話番号や設定を確認できる

手順 ③

メッセージの内容を確認できる。

① ←：1つ前の画面に戻る
② 電話をかける
③ 相手の連絡先の設定を変更する。通知のオフやブロック、連絡先登録ができる

手順 ④

入力欄をタップし、返信内容を入力する。

手順 ⑤

入力が終わったら「紙飛行機マーク（送信）」をタップする。

「メール」や「メッセージ」アプリは、1つの使い方を覚えれば、どのアプリでも使えるようになる。

5-02 メールの使い方を教えて！　123

03 知らない人から連絡が来た・友達申請が届いた！

無視しましょう。詐欺や悪意を持ったメッセージの可能性が高いです。

「メッセージ」アプリを使っていると、知らない人からメッセージが届くことがあります。これは、最近増えている詐欺の手口である可能性が高いです。知らない人からメッセージが届いた場合は、**無視するかブロック**するのが無難です。

未登録の連絡先からの応募もしていない当選通知？

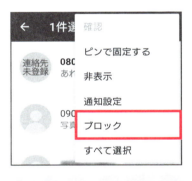

どの「メッセージ」アプリにもブロック機能が搭載されている

 知っている人からのメッセージなら、安心ですよね？

知っている人からのメッセージだからといって、**安心はできません**。相手のアカウントが乗っ取られている可能性もあるからです。おかしな内容だったり、**見知らぬリンクをタップするよう促すようなメッセージ**だったりした場合は**要注意**です。少しでも違和感があったら、反応しないのが無難です。たとえ知っている人であっても、**パスワードや本人確認の番号などは絶対に送らない**ようにしましょう。

知らない人からの友達申請

知らない人から友達申請が届いた！

友達としかメッセージのやり取りができないLINEなどの場合は、知らない人から友達申請が届くことがあります。この場合も相手にせず、無視するのがよいでしょう。知人になりすまして、友達申請してくることもあります。疑問を持たずに友達に追加するのではなく、**相手の情報を確認してみることが重要**です。

LINEでは、相手のアカウントをタップして「LINE VOOM投稿」から投稿などの活動を確認できる

LINEで**不審な相手をブロックする**方法は、以下の通りです。アカウントをブロックした場合、自分からは見えなくなりますが、**相手側では何の変化もないため、すぐに気づかれることはありません**。

手順①
「LINE」アプリを起動し、ブロックしたい相手のトーク画面の≡をタップする。

手順②
「ブロック」をタップする。続けて、「ブロック」をタップする。ブロックした相手は、「設定」→「友だち」→「ブロックリスト」から確認・解除ができる。

「メッセージ」アプリやLINEは、乗っ取りやなりすましに十分に注意しながら利用しよう。

# 04 写真やホームページを友人と共有したい！

メッセージやメールを使って、写真や地図、ホームページを共有できます。

メールやメッセージを利用することで、**さまざまな情報を友人と共有**できます。共有したい内容を表示してから、共有に使うアプリを選択します。

手順 ❶
共有したい情報のある「フォト」「Chrome」「ファイル」アプリなどをタップする。

手順 ❷
共有したい情報を開いて、「共有」をタップする。「共有」が見つからない場合は、⋮をタップする。

手順 ❸
共有用のメニューが表示されたら上方向にスライドして、共有に利用するアプリを選択する。ここでは、「＋メッセージ」をタップする。

手順 ❹
送信先を選択する。履歴や検索から探すこともできる。

動画の送信方法

サイズの大きな動画を送っても大丈夫？

ファイルサイズの大きな動画は、メールやメッセージで送ることができない場合があります。**「＋メッセージ」では100MB以内、「LINE」では5分以内の動画、「メール」ではおおよそ25MB以内**と、制限があります。サイズの大きいファイルを送りたい場合は、次のような方法があります。

■ 大容量のファイルを送るサービスを利用する

無料で使える**大容量ファイル送信サービスとして、「データ便」や「ギガファイル便」**などがあります。「Chrome」などのブラウザで「データ便」などのキーワードを入力し、検索します。ファイルをアップロードし、発行された共有用のURLをメールやメッセージで相手に送ります。画面に**大きな広告が表示される**ので、まちがえてタップしないように注意しましょう。

データ便の画面

■ YouTubeを利用する

動画の場合は、YouTubeで限定公開して共有する方法もあります。**「YouTube」アプリの下部にある「＋」マーク**をタップして動画を限定公開し、発行されたURLを相手に送ります。個人情報など、機密性が高いものが映り込んでいないか注意しましょう。

最下部の「＋」をタップして動画を共有できる

大容量のファイルは、大容量ファイル送信サービスを利用して送るのが基本。

05 写真を近くの人に送りたい！

「QuickShare」や「AirDrop」を使えば、近くにいる人に写真や動画を送れます。

近くにいる人に写真などのデータを送る場合は、**AndroidやWindowsなら「Quick Share」（クイックシェア）、iPhoneやMacなら「AirDrop」（エアドロップ）** を使って共有することができます。事前に共有先のスマホの「クイック設定パネル」でBluetoothをオンにし、「Quick Share」で「全ユーザー」を選択しておきます。

手順①
共有元のスマホで、共有したい情報のある「フォト」「Chrome」「ファイル」アプリなどをタップする。

手順②
「共有」をタップする。

手順③
「Quick Share」をタップする。iPhoneの場合は「AirDrop」をタップする。うまく共有できない場合は、︙→「設定」の順にタップし、「共有を許可するユーザー」を「全ユーザー」に設定する。送信先をタップする。

手順 ④

送信先をタップすると、送信先のスマホに、受信したメッセージが表示される。「承認する」→「開く」をタップすると、受信したファイルが開く。

コラム iPhoneで近くの人と共有する

iPhoneも、Androidとほぼ同じ方法で共有できます。事前に共有先のiPhoneの「設定」アプリで、「一般」→「AirDrop」→「すべての人（10分間のみ）」を選択しておきます。

共有元のスマホの「フォト」「Chrome」「ファイル」アプリで共有したい情報を表示して、⬆をタップします。
「AirDrop」をタップし、共有相手をタップすると、送信できます。

教える・伝わるコツ

「Quick Share」や「AirDrop」は便利だが、慣れが必要なので繰り返し練習しよう！

コミュニケーション 06 今いる場所を家族や友人と共有したい！

「メッセージ」アプリや「LINE」を使って、現在地を教えることができます。

待ち合わせでお互いを見つけられない場合、「メッセージ」アプリや「LINE」を使って今いる場所を共有することができます。なお、「＋メッセージ」には場所の情報を直接共有する機能がないため、利用できません。

手順 ①
「メッセージ」アプリや「LINE」を開く。

手順 ②
「＋」をタップし、「場所」マークをタップする。LINEの場合は、「位置情報」をタップする。

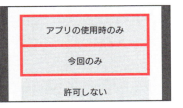

手順 ③
「今回のみ」または「アプリの使用時のみ」をタップする。

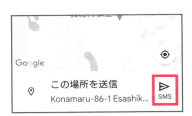

手順 ④
「紙飛行機マーク（送信）」をタップする。「LINE」の「位置情報」では、スポットの選択肢から選ぶこともできる。

お店の情報を共有する

　待ち合わせの場所や予約したお店を教えたい！

「マップ」などの地図アプリを使えば、訪問する場所やお店の情報を共有することができます。

手順 ①
「Chrome」や「マップ」アプリで共有したい場所を表示して、 や をタップする。

手順 ②
画面下部に共有先が表示されるので、下にスライドして連絡先や「＋メッセージ」アプリをタップする。

コラム 共有に使いたいアプリが見つからない

マークをタップすることでURLをコピーし、共有したいアプリの入力欄に貼り付けることでも共有できます。

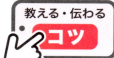 住所がわからなくても、「メッセージ」アプリや「LINE」で現在地を共有できる。

5-06 今いる場所を家族や友人と共有したい！　131

コミュニケーション 07 LINEの上手な使い方を教えて！

LINE を使う上での注意点を知って、安全に利用しましょう。

LINEは、日本のスマホユーザーの9割以上が利用しているアプリです。LINEに限らず、アプリには**それぞれ独自のルール**があり、知らないとトラブルにつながることもあります。事前に知って対策をしておきましょう。

LINEの各部名称

最初に、LINEの画面を知っておきましょう。

■ **ホーム画面**
友だちやグループ、LINE公式アカウントが一覧表示される画面です。メッセージの未読数も表示されます。

❶トーク：これまでにやり取りしたトークの一覧が表示される
❷設定：さまざまな設定がまとめられている
❸オープンチャット：知らない人との間でチャットができる
❹トークルーム作成：新しいグループやチャット、ミーティングを作成できる
❺広告：広告が表示される
❻ホーム：LINEの最初の画面が表示される。設定や友達追加時に利用する
❼VOOM（ショート動画）、ニュース、ウォレットを見る

第5章 コミュニケーションの「困った！」「わからない！」に答える

■ **トークルーム**

友だちやグループ、公式アカウントとの間で、メッセージのやり取りを行う画面です。**メッセージが開かれると「既読」と表示され**、やり取りした履歴をさかのぼることもできます。友だち、グループ、公式アカウントでは、利用できる機能にちがいがあります。

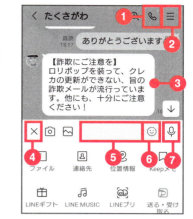

①電話：音声通話ができる
②メニュー：共有した写真、リンクの確認やブロックができる
③トークの一覧：これまでにやり取りしたトークが表示される
④「＋」：タップすると、ファイル、連絡先などを共有できる
⑤入力欄：メッセージを入力する
⑥スタンプ：LINEのスタンプを送れる
⑦音声入力：音声でメッセージを入力できる

友達とのコミュニケーション

 LINEで友達はどうやって追加するの？

LINEで**友達を追加するには、QRコードで追加する方法、SMSやメールで紹介する方法、IDで検索する方法、連絡先から自動で追加する方法**があります。いずれも「ホーム」の（友だち追加）から利用できます。近くにいる人なら、以下の方法でQRコードから追加するのが便利です。

手順 ①

「ホーム」または「トーク画面」の検索窓のをタップする。「すべて許可」をタップする。

5-07 LINEの上手な使い方を教えて！ 133

手順 ❷

友達のスマホでLINEの「マイQRコード」を表示してもらい、自分のスマホのカメラで読み込む。自分のスマホの「マイQRコード」をタップして、友達のカメラでQRコードを読み込んでもらってもよい。

手順 ❸

「追加」をタップする。

手順 ❹

「トーク」をタップする。

連絡先から自動で追加する方法は、思いもよらない人と友達となってしまうことがあるため、慎重に利用しましょう。すでに「自動で追加」の設定になっている場合は、「ホーム」画面の「歯車」マーク→「友だち」で、「友達自動追加」「友だちへの追加を許可」をオフにします。なお、知らない人から友達申請が届いた場合は、なりすましや詐欺の疑いがあります。P.125の方法でブロックするのがおすすめです。

「友だち自動追加」「友だちへの追加を許可」はオフがおすすめ

LINEの便利な活用方法

LINEの通知音がうるさいんだけど…

LINEの通知がオンになっていると、メッセージが届くたびに通知が届きます。特にグループはたくさんの人からのトークの通知が届くため、他のことに**集中できなくなります。LINEの通知は、オフがおすすめ**です。

通知をオフにするには、友達やグループのトーク画面を開き、≡をタップします。「通知オフ」をタップすると、通知がオフに設定されます。

スタンプを追加したい！

LINEでのメッセージのやり取りに、スタンプは不可欠です。スタンプを追加するには、**有料スタンプを購入**する、**友達追加して無料でもらう**、**友達からプレゼントしてもらう**、といった方法があります。有料の「LINEスタンププレミアム」や**「LYPプレミアム」に登録**すると、スタンプが使い放題になります。

手順 ①
「ホーム」画面の「スタンプ」をタップする。

手順 ②
「無料」では、友達追加を条件に無料でスタンプを入手することができる。

5-07 LINEの上手な使い方を教えて！　135

過去の写真が見られなくなるって、本当？

LINEで相手に送ったり、相手から受け取ったりした写真は**一定期間が過ぎるとキレイな画質で見られなくなる**ので注意が必要です（動画は見られなくなります）。「LYPプレミアム」に登録していればアルバムに入れることでキレイな画質で保存できますが、費用がかかります。そこで、受け取った**写真はなるべくスマホに保存**しておきましょう。写真を保存するには、写真を開いた状態で、**「共有」→「フォト」アプリの順にタップ**します。**「アップロード」をタップ**すれば、「フォト」アプリに保存されます。

LINEのアカウント運用方法

LINEのパスワードを忘れてしまった！

LINEの画面を久しぶりに開いたり、「LINE」アプリを削除してインストールしなおしたりした場合、ログイン画面が表示されます。そこではじめて、パスワードを忘れたことに気がつく人も少なくありません。とはいえLINEの場合、**パスワードを忘れても携帯電話番号を入力**し、「メッセージ」や「＋メッセージ」アプリで受け取った認証番号を入力すればログインできます。そのため、パスワードを忘れても問題なく利用を続けることができます。

パスワードが必要になるのは、パソコンからLINEにログインする場合や、スマホの機種変更を行い、LINEの引き継ぎを行う場合です。

認証番号を入力
090877777にSMSで認証番号を送信しました。

SMSが届かない場合

56秒　　　　　通話による認証

携帯電話番号を入力し、ショートメールで受け取った認証番号を入れる

スマホを買い替えたら、どうやって引き継ぐの？

スマホを買い替えた場合、新しいスマホと古いスマホが手元にあれば、LINEのアカウントをかんたんに引っ越すことができます。**「設定」から「かんたん引き継ぎQRコード」を表示**して、15秒以内に新しいスマホのカメラで読み込みます。この方法であれば、パスワードは必要ありません。

QRコードの発行から15秒以内に新しいスマホで読み込む

ただし、この方法では直近15日以上のトーク履歴を引き継ぐことができません。過去のトーク履歴を引き継ぎたい場合は、**「トークのバックアップ」**を利用します。LINEで、**「設定」→「トークのバックアップ」**をタップします。「PINコード」を作成して「今すぐバックアップ」をタップし、新しいスマホのLINEで「設定」→「トークのバックアップ・復元」→「復元する」→ バックアップしたLINEのアカウント →「OK」を順にタップして、復元を行います。

 **LINEでは、大切な写真やトークの履歴をバックアップしておこう！**

コミュニケーション 08 メールやメッセージを送るときのマナーを教えて！

「メッセージ」や「LINE」は会話、「メール」は手紙と考えるとよいでしょう。

スマホを使っていると判断に困るのが、メールやメッセージを送るときのマナーです。新しいサービスを利用する場合は、特に気になるところです。そこで、「メッセージ」や「メール」、SNSを使ったコミュニケーションでの基本的なマナーを紹介します。

「メッセージ」「LINE」のマナー

「メッセージ」や「LINE」は、会話と同様に考えるとよいでしょう。伝えたいことを、なるべく短く、シンプルに書くようにします。挨拶文などはほどほどに、一度にたくさんのことを書かず、要点だけを簡潔にまとめます。かんたんに送れてしまうため、意図とちがった意味にとられないような文面を心がけましょう。

SNSのマナー

SNS、例えばX（旧ツイッター）やInstagramにも、メッセージを送る機能があります。「メッセージ」や「LINE」と同様、**用件の入力だけでよい**のでお手軽です。相手が同じサービスを利用していれば、やり取りすることができます。ただし、登録だけして**実際には利用していない場合もある**ので、事前に相手の利用頻度を把握しておきましょう。相手があまり使っていないと、メッセージを送ってもなかなか読まれません。

メールのマナー

メールの場合、「メッセージ」や「LINE」とちがい「件名」を入力する必要があります。短めの、**わかりやすい件名**をつけましょう。本文は、最初に相手の名前を「○○様」として入力します。「お世話になります。○○です。」といった**かんたんな挨拶と自分の名前を名乗る**必要はありますが、丁寧な時候の挨拶は適していません。その他、次のような点に気をつけましょう。

- 仕事の場合は「いつもお世話になっております。」や「はじめまして。」から始める
- 段落と段落の間は空けて、適度に改行を入れる
- 特殊な記号、機種依存文字、半角カタカナは使わない
- 最後に署名を入れる
- 会社間の取引の場合は、署名に社名や住所、電話番号などを入れる
- 添付ファイルは、大きなファイルを送らないようにする
- 入力が終わったら、誤字脱字や失礼な表現がないかチェックする

メールには特有のルールがある

 顔文字や絵文字は、使わない方がよいの？

顔文字や絵文字の多用は、おじさん構文などと言われ嫌われることがあります。ガラケー時代は感情表現の1つとして多用されていましたが、LINEなどで**スタンプやアイコンによる表現が可能になった**ことで、メッセージに絵文字を入れる人が少なりました。

 **新しいコミュニケーションツールは、真似と失敗をしながら学ぼう。**

09 メールやメッセージに添付されたファイルを開くには？

添付されたファイルを開くアプリをインストールしましょう。

メールやメッセージでは、さまざまな種類のファイルが送られてきます。写真はもちろんのこと、Word文書やPDFのようなファイルが送られてくることもあります。写真の場合はタップすれば開きますが、**Word文書やPDFは専用のアプリが入っていないと開くことができません**。Androidには、あらかじめ専用のアプリが用意されています。

文書を開くアプリを選ぶ必要がある

■ WordやExcelファイルの場合

Androidの場合、Wordファイルは**「Googleドキュメント」**、Excelファイルは**「Googleスプレッドシート」**で開くことができます。それぞれ最初からインストールされているため、新たにアプリを入れる必要はありません。iPhoneの場合は、あらかじめアプリが用意されていないため、「Googleドキュメント」「Googleスプレッドシート」または「Microsoft Word」「Microsoft Excel」を「App Store」からインストールします。

■ PDFファイルの場合

Androidの場合、PDFファイルは**「Googleドライブ」（ドライブ）**で開くことができます。**iPhoneの場合は、**「メール」アプリなど、**ほとんどのアプリでPDFファイルを開くことができます。**

パスワード付きの圧縮ファイルが送られてきた場合

パソコンからスマホに送られてくるデータの中には、圧縮されて1つにまとめて送られてくるものがあります。この場合は、解凍するアプリが必要になります。スマホで利用できる**解凍用のアプリには、「ZArchiver」**などがあります。スマホに解凍アプリをインストールして圧縮されたファイルを開き、パスワードを入力します。続いて、ファイルを開くアプリをタップして選択すれば、開くことができます。

「ZArchiver」では、パスワードで保護された圧縮ファイルの解凍ができる

「ZArchiver」の解凍パスワードの入力画面

コラム

Word・ExcelファイルとPDF

WordファイルはパソコンのMicrosoft Wordで作成された文書、ExcelファイルはMicrosoft Excelで作成された表計算の書類です。保護されていない限り、どちらもスマホでファイル内の文章や数値を変更することができます。PDFファイルは、どのような環境でも同じ見た目が維持される、表示や印刷に適したファイル形式です。ただし、内容の変更はできません。

パソコンで作成されたさまざまなファイルは、スマホでも開くことができる。

ビデオ通話って何？ どうやって始めるの？

Gmailやメッセンジャー、LINEのグループからビデオ通話を利用できます。

「Gmail」や「LINE」には、ビデオ通話の機能があります。事前にビデオ通話をしてもよいか、相手に確認しておくとよいでしょう。

Gmailの場合

Gmailでビデオ通話を利用する方法は、次の通りです。

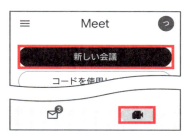

手順 ①
Gmailの画面最下部の「ビデオ」マークをタップし、「新しい会議」をタップする。

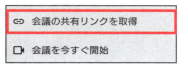

手順 ②
「会議の共有リンクを取得」をタップする。

手順 ③
「招待状を共有」から、ビデオ通話の相手に会議のURLを送る。Gmailに戻り、「会議の開始」をタップする。通知権限のメッセージが表示されたら、「設定」に移動し、通知をオンにする。

LINEの場合

LINEでビデオ通話を利用する場合は、**個別のチャットまたはグループのトーク**を開き、**「電話」**マークをタップします。**「ビデオ通話」**をタップすれば、ビデオ通話ができます。

LINEのビデオ通話の画面は、右のようになっています。

❶ カメラの切り替え
❷ マイク、カメラのオン／オフ
❸ ビデオ通話を終了する
❹ スタンプやカメラにフィルターをつける

LINEのビデオ通話を終了するには、❸の「×」をタップします。

LINEで着信があった場合は、画面の上部に通知が表示されます。「応答」をタップすると、ビデオ通話が開始されます。

LINEの着信画面からビデオ通話を開始する

ビデオ通話に対応したLINEやGmailなら、顔を見ながらコミュニケーションができる。

> コラム

仮想空間やメタバースの新世界

スマホで利用できる新しいコミュニケーションの方法に、仮想空間で自分の分身を作ってやり取りを行うメタバースがあります。分身でコミュニケーションを行うため、実際の性別や見た目に関わらず、同じ趣味や考えの人との間でコミュニケーションができます。メタバースには、次のような特徴があります。

・アバターと呼ばれる分身を作成し、アバターどうしでコミュニケーションをする
・世界中のどの場所にいても、リアルタイムでコミュニケーションが可能
・コミュニケーションは音声、チャット、ゲームなどで行う
・顔出しが必要ない
・メタバース上の洋服や土地などの売買ができる

代表的なメタバースには、次のようなものがあります。

● cluster
無料で利用できる国産の有名なメタバース。アプリをインストールして利用する。

● XR WORLD
無料で利用できるNTTドコモのメタバース。アプリのインストールが不要で、ブラウザから「XR WORLD」で検索して利用できる。

● Metalife
RPGのような見た目で、仮想のオフィスやイベントスペース、教室として利用できる。アプリのインストールが不要で、ブラウザから「メタライフ」で検索して利用できる。

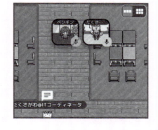

第6章

ホームページ・検索・買い物 の「困った！」「わからない！」に答える

スマホでよく利用する機能が、検索です。調べ物をしたいときに検索をすると、さまざまなホームページが表示されます。6章では、検索とホームページを見るときの「困った！」「わからない！」を解説します。その他、通信速度やURL、AIや、知っておくと未然にトラブルを防げるネットショップの知識などの解説も行います。1つ1つ丁寧に読んで、安心してインターネットを楽しみましょう。

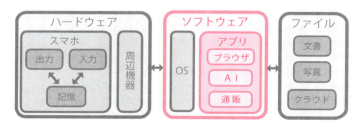

ホームページが表示されないのは通信速度のせい？

 通信速度も原因の1つですが、他の理由も考えられます。

スマホで「Chrome」や「Safari」などのブラウザアプリを使っていると、ホームページがなかなか表示されないことがあります。原因として考えられるのが、**通信速度の遅さ**です。携帯通信会社の月額の**通信量（ギガ）がなくなる**と通信速度に制限がかかり、ホームページの表示が遅くなったり、表示されなくなったりします。契約している通信量を使い切ってしまった場合は、**通信量を追加するか、翌月まで待ちましょう**。

また、**「通信速度」や「回線速度」といったワードで検索**して表示されるホームページで、回線速度を調べることができます。

Fast.comの回線速度計測。
97Mbpsは、十分な回線速度

ホームページの表示が遅い理由として、通信速度の他に以下のような原因が考えられます。対処方法と合わせて、知っておきましょう。

原因	対処方法
通信環境が悪い	通信環境のよい場所に移動する
提供側のトラブル	1時間〜1日置いてアクセスしてみる
ブラウザのトラブル	スマホを再起動するか、更新する（次ページ参照）

ブラウザのトラブル

 ブラウザって何？

ホームページを見るためのアプリを「ブラウザ」と呼び、代表的なアプリに**「Chrome」や「Safari」**があります。ホームページの表示が遅い原因には、ブラウザのトラブルも考えられます。ブラウザの不具合の対処方法には、次のようなものがあります。

■ ブラウザを再起動する

ブラウザを終了し、再度起動すると、問題が解決することがあります。「タスクビュー」ボタンをタップするか、最下部を上方向にスライドし、表示された「Chrome」アプリを上方向にスライドして、終了します。

■ ブラウザを更新する

ブラウザを最新の状態に更新すると、問題が解決する場合があります。P.29の方法で、**最新の状態に更新**しておくようにしましょう。

■ キャッシュをクリアする

ブラウザには、2回目以降にホームページをすばやく表示させるため、**テキストや画像をスマホに保存しておく「キャッシュ」**という機能があります。「キャッシュ」が残っていると、古い情報が表示されたり、表示が崩れたりする原因になることがあります。ホームページの表示の問題は、キャッシュを削除（クリア）すると解消される場合があります。ブラウザの **︙→「閲覧履歴データの削除」**の順にタップし、**「データを削除」**をタップします。**iPhoneの場合は、「設定」アプリの「Safari」をタップ**し、下にスクロールして**「履歴とWebサイトデータを消去」→「すべての履歴」→「履歴を消去」**の順にタップします。

 **ホームページの表示が遅い理由はさまざま。可能性の高い原因の対処方法を試してみよう！**

02 URLって何ですか？

URL（ユーアールエル）は、ホームページの住所のことです。アドレスとも言います。

すべてのホームページには、URLと呼ばれる住所があります。「https://www.google.co.jp」といった文字列がURLです。ブラウザの一番上にある**アドレスバーにURLを入力**すると、**該当するホームページを見る**ことができます。URLは、以下の要素から構成されています。このうち、❷〜❹をドメインと呼びます。

https://www.google.co.jp
❶　　　　　　❷　　　❸　❹

❶通信方式を意味しています。「https://」になっていると、入力する内容が暗号化されるので安心です。入力時に省略することもできます。

❷サービス提供元の名前です。

❸組織の種類を表します。
例）co…企業　ne…ネットワーク　ac…大学　go…政府

❹国や団体を表します。
例）jp…日本　uk…イギリス　kr…韓国　com…国の指定のない企業

検索しても見つからないページは、URLを入力して表示する。

03 QRコードからホームページを見るには？

スマホの「カメラ」アプリでQRコードを読み取り、URLをタップするとホームページにアクセスできます。

QRコードとは、モザイク状の絵柄で構成されたバーコードの一種で、文字情報が記録されています。ホームページのURLが記録されたQRコードをスマホの**「カメラ」アプリで読み取る**ことで、ホームページを表示することができます。**URLを入力する手間が省ける**ので、ホームページの宣伝などによく利用されています。ホームページの他にも、QRコードからLINEの友達登録画面や、アプリのダウンロード画面を開くこともできます。

「カメラ」アプリを起動し、スマホをQRコードにかざす。中央に表示されるURLをタップすると、ホームページが表示される

QRコードを読み込めば、長いURLを入力しなくてもホームページにアクセスできる。

04 よく見るホームページを登録したい！

HP・検索・買い物

よく利用するホームページは、ホーム画面にアイコンを配置するかブックマークに登録しましょう。

ホームページは、アプリと同じようにスマホの**ホーム画面にアイコンとして配置することができます**。ホーム画面に配置すれば、アイコンをタップするだけでホームページを開くことができます。特によく使うホームページは、ホーム画面に配置しておきましょう。

手順 ①
登録したいホームページを表示し、⋮をタップする。iPhoneの「Safari」アプリの場合は、下部の□（共有）をタップする。

手順 ②
「ホーム画面に追加」をタップする。続けて、「追加」または「OK」をタップする。

手順 ③
「ホーム画面に追加」をタップする。

手順 ④
ホーム画面に、ホームページのアイコンが配置される。

ホームページをブックマークに追加する

それほどよく見るわけではないけれど**ときどき見るようなホームページは、ブックマークに登録**するのがおすすめです。ホーム画面への登録に比べて手順は多くなりますが、**同じアカウント**でログインした場合に**同期される**ため、スマホを買い替えた場合に、新しいスマホに自動で引き継ぐことができます。

手順①

登録したいホームページを表示し、︙→「☆」の順にタップする。ホームページが「ブックマーク」に登録される。
「Safari」アプリの場合は、下部の🔗（共有）→「お気に入りに追加」の順にタップする。

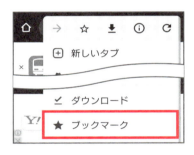

手順②

︙→「★ブックマーク」の順にタップする。「Safari」アプリの場合は、下部の📖（ブックマーク）→登録したホームページの順にタップする。

手順③

「モバイルのブックマーク」をタップする。「同期をオンにする」と表示されたらタップする。登録したブックマークをタップすると、ホームページが表示される。

ブックマークは、他のスマホやパソコンと同期できるメリットがある。

05 検索しても、情報を見つけられないんだけど…

検索で情報を探すには、いろいろなコツがあります。

検索は長い歴史があるため、さまざまな検索テクニックが生まれた反面、情報量や広告が増加し、必要な情報を見つけにくくなりました。ここでは、検索で必要な情報を探し出すためのテクニックを紹介します。

Google検索を活用する

主な検索サービスに、GoogleとYahoo！があります。検索結果は**上位に表示されるものから探し**、広告をタップしないように注意しましょう。**Googleは検索結果に表示される広告が少ない**ため、おすすめです。Google検索の上手な使い方は、以下の通りです。

■ **キーワードとキーワードの間を空ける**
検索するキーワードは、例えば「ゴーヤ　レシピ　かんたん」のように間を空けて入力します。文章のようにつなげないようにしましょう。

■ **キーワードを変えてみる**
情報が見つからない場合は、似たような言葉に変えて検索してみましょう。例えば「スマホ」に関する情報を探したいという場合、「スマートフォン」「Android」「携帯」「モバイル」のように変えてみましょう。

■ **広告をタップしないように注意する**
検索結果のページには、本当の検索結果の他に多くの広告が表示されています。**「スポンサー」と表示されているものは、すべて広告**です。探している情報と関係がないものも含まれるため、注意が必要です。

■ 画像検索を利用する

検索ページの上部にある「画像」をタップすると、キーワードに関連する画像を確認できます。

「ボルゾイ」がどんな犬かが、一目でわかる

■ 記号を使って検索する

Googleでは、検索時に記号を使うことで、情報を探しやすくなります。記号は、必ず半角で入力しましょう。

 オリンピック -パリ

キーワードの前に「-」をつけると、そのキーワードを検索結果から除外できる

 "京都に行くべ"

検索キーワードはよくある言葉に勝手に変えられてしまうことがある。キーワードを「" "」で囲むことで、変更させないようにできる

■ 専用のホームページで探す

検索サービスではなく、以下で紹介する目的に合った専用のホームページを開き、その中で検索すると見つけやすい場合があります。

お店や場所	Googleマップ、Yahoo!マップ
電車の乗換	Yahoo!路線情報、乗換案内
翻訳	Google翻訳、DeepL翻訳
旅行・ホテル	じゃらん、楽天トラベル、Booking.com
ニュース	Yahoo!ニュース、日経電子版
健康・医療情報	eヘルスネット、メディカルノート、QLife
動画	YouTube、Abema TV

情報が見つからない場合は、記号を使った検索や専用のホームページを活用しよう。

スマホでもAIが使えるの？

HP・検索・買い物 06

はい。近年は、検索よりもAIに質問する方がおすすめです。

最近広く使われてきている**生成AI**では、**文章や画像、動画、音声などをスマホで作成することができます**。また、生成AIの1つ「対話型AI」では、**探したい情報を質問するとAIが答えを出してくれます**。従来の検索から情報を探す方法では、長い文章や広告が表示された中から目的の情報を探す必要がありました。また、文章がわかりにくかったり、内容が不正確に感じられたりする場合もありました。AIを利用すると、AIとのやり取りを通じて、目的の情報を得ることができます。広告も表示されません。さらに「高齢者にもわかるように」と入れると、やさしい文章で教えてくれます。代表的な生成AIに、**「ChatGPT」（チャットジーピーティー）**、Googleの**「Gemini」（ジェミニ）**、Microsoftの「Copilot」（コパイロット）などがあります。

対話型AI「Gemini」を利用する

対話型AIは、どうすれば使えるの？

Googleの対話型AIの「Gemini」は、スマホのブラウザから利用することができます。

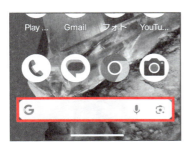

手順 ①
ホーム画面の検索窓に「ジェミニ」と入力する。ブラウザが起動し、検索される。

手順 ❷

検索結果から「Gemini」をタップする。

手順 ❸

「後で」をタップすると、アプリがなくても利用できる。アプリをインストールしたい場合は、「Geminiアプリを開く」をタップする。

手順 ❹

「Geminiと話そう」をタップする。

手順 ❺

「Geminiを使用」→「続ける」の順にタップする。タップできない場合は、文章の部分を上方向にスライドする。これで「Gemini」の準備が完了する。

「Gemini」に質問する

「Gemini」の使い方を教えて！

「Gemini」の準備が完了したら、早速質問してみましょう。

手順❶
「Gemini」に質問の内容を入力し、▷をタップする。音声でも入力できる。画像や写真のボタンをタップして読み込ませることで、画像や写真に対して「これは何？」といった質問もできる。

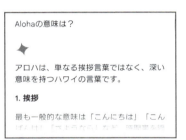

手順❷
質問の答えが表示される。出てきた答えに対して、再度の質問もできる。対話の履歴によって、答えの内容が変わってくる。

う〜ん、どんなことを質問すればよいのか、わからない。

すぐには質問が思いつかないかもしれませんが、「Gemini」に聞くことを**習慣にしてみましょう**。思いついたことや気になったことは、すぐに質問してみます。試しに、次のようなことを聞いてみましょう。ただし、まちがった答えが出ないとも限らないので、注意が必要です（次ページ参照）。

- 無料で英語の勉強ができる、おすすめのアプリやサービスを教えて
- 6月に見ごろの関東の花の名所を10個教えて
- 警察から「あなたに逮捕状が出ている」と連絡があった。詐欺？
- 7月の水道料金がいつもより高い。水漏れを調べる方法を教えて
- （生まれた）年の出来事を、漫才風に落ちもつけて説明して

ウソを見抜いて信ぴょう性を確認

 対話型AIはウソをつくって本当？

AIがまちがった答えを出してくることは少なくありません。例えば、Geminiに以下の文章を入れてみましょう。

> 富士山は、車でもアクセスできるため初心者でも挑戦しやすい

すると、肯定的な答えが返ってきますが、実際は車で行けるのは中腹の5号目までで、往復8時間以上かかります。そこで、次の文章を入れることで、生成AIが**信ぴょう性を確認（ファクトチェック）してくれます**。

> 富士山は、車でもアクセスできるため初心者でも挑戦しやすい
>
> 1. 検証するコンテンツの主張を文章として抽出してください．
> 2. 抽出した主張ごとにGoogleウェブ検索できる検索クエリを作成
> 3. 作成した検索クエリをもとにウェブ検索し，関連情報を収集
> 4. 収集した情報（エビデンス）をもとに検証するコンテンツの主張の信憑性を判断してください．

引用：by DrMagicianEARL氏「EARLの医学ノート」より。drmagician.exblog.jp/30407473/

画像生成AI

 画像や動画も生成できるの？

「Gemini」「Microsoft Designer」「Bing Image Creator」「Stable Diffusion」（スティーブルディフュージョン）では、**画像の生成が可能**です。数秒の動画であれば「Runway」（ランウェイ）「Luma Dream Machine」（ルマドリームマシーン）などで生成できます。いずれも、初回にアカウントの登録が必要です。

HP・検索・買い物

07 ネットショップ・オークション・フリマは、何がちがうの?

ネットショップの取引相手は主に会社です。オークションとフリマは、主に個人が相手の取引になります。

インターネットで商品を購入する場合、ネットショップ、オークション、フリマの中からお店を選ぶことができます。ネットショップは主に会社との取引、オークションとフリマは主に個人との取引になります。ただし、これらは明確に分けられるわけではありません。Amazonや楽天、Yahoo！ショッピングといったショッピングモールには多くのネットショップが出店していますが、その中には個人での出品も含まれています。また、オークションやフリマに、会社が出品していることもあります。

AmazonやYahoo！ショッピングには、たくさんのショップが出店している

オークションの代表は「ヤフオク」

フリマの代表は「メルカリ」。不用になったものを気軽に販売できる

ネットショップ・オークション・フリマの使い分け

 買い物をするのに、どれがおすすめなの？

一番安心なのは、ネットショップです。ネットショップは価格が決まっているため、表示された価格で必ず購入できます。一方、**オークション、フリマは価格が変わる**可能性があります。オークションが他の購入者と価格を競い合って購入金額が決まるのに対し、フリマは提示された価格で購入することも、出品者との間で価格交渉をすることもできます。また、オークション、フリマは、商品の状態がわかりにくかったり、個人間での取引が中心のため、**トラブルがあった場合の解決に手間**がかかったりします。ネットショップ・オークション・フリマは、購入したいものによって使い分けることもできます。ネットショップでは新品の商品が販売されているのに対し、フリマやオークションでは中古品が売り買いされており、新品ではもう手に入らない商品や、定価よりも安く購入することができます。

項目	ネットショップ	オークション	フリマ
価格	お店が設定した価格	入札で決まった価格で、最高入札者が購入	出品者が価格を設定、値下げ交渉が可能
例	Amazon、Yahoo!ショップ	ヤフオク！、モバオク	メルカリ、PayPayフリマ
購入に適した商品	新品商品、日用品・家電・洋服・食品・書籍・大量購入・企業での購入・設置設定を含むもの（例、エアコンなど）	中古・古着・美術品・ビンテージ・希少品、絶版品	中古・古着・手作り品・古本・アート作品・試供品・一般的に販売されていないもの（例、ロールティッシュの芯）
安全性	安全性高い、公式や大手が多い	出品者による	評価を参考に取引
手数料	なし（購入者側）、一部ショップは有料会員	送料負担などの条件の確認が必要	出品者に販売手数料が発生
返品	店舗による返品可も。保証あり	返品不可。保証制度あり	返品不可。保証制度はあり
利用者	幅広い利用者 信頼性を求める人	価格を抑えたい人・収集家・掘り出し物を探す人	若年層 ファッション好き
取引の手間	少ない（購入後・すぐに発送）	多い（決められたオークション終了後に取引開始）	購入後すぐに取引開始、かんたんに取引できる機能あり
サポート	サポート体制が整っている	出品者によるためトラブルも	出品者による 基本的なサポートあり

教える・伝わる コツ **購入したい商品に応じて、ショップ・オークション・フリマを使い分けよう！**

6-07　ネットショップ・オークション・フリマは、何がちがうの？　159

HP・検索・買い物

08 どうやって商品を探して買えばよいの？

検索を利用して商品を選び、購入の手続きに進みましょう。

ネットショップで買い物をするには、キーワードで検索し、検索結果の中から商品を選びます。購入したい商品が見つかったら、**価格や送料、ショップの情報を確認**します。購入を決めたら「カートに追加」し、購入手続きに進みます。購入の際には、メールアドレス、発送先、支払い方法などを選びます。**Amazonでは、購入するためにアカウントの作成が必要**です。Yahoo！ショッピングや楽天市場では、アカウントがなくても購入できます。ここでは、Yahoo！ショッピングで商品を購入する流れをご紹介します。

手順①
Yahoo！ショッピングの検索窓に、商品に関するキーワードを入力して検索する。

手順②
検索するときには、価格や送料、新品かどうかなどの条件で絞り込みができる。

手順③
商品とショップの安全性を確認する。ここで表示されたタワーレコードは安心感があるが、「お取り寄せ」となっているので時間がかかる。もう1つのショップは1〜3日で発送してもらえるが、聞いたことがないショップだったので、タワーレコードで購入することに決める。

第6章 ホームページ・検索・買い物の「困った！」「わからない！」に答える

手順 ④

「カートに入れる」をタップする。

手順 ⑤

今回はアカウントを登録しないので、「ログインせずに注文」をタップする。Yahoo！ショッピングを繰り返し利用する場合は、「ログインして注文」からアカウントを作成できる。

手順 ⑥

注文情報、支払い方法、発送方法を選択し、最後に「ご注文内容の確認」→「注文」を順にタップする。

手順 ⑦

手順⑥で入力したメールアドレスに、注文確認のメッセージが届く。これで商品の購入が完了した。

09 旅行や電車の予約はどうやってするの？

HP・検索・買い物

交通機関や施設のホームページ、アプリを利用して予約します。

最近は、JRの「みどりの窓口」が減少するなど、インターネットでの切符の予約が一般的になりつつあります。また、ホテルや美術館、映画館などでも、事前の予約やチケット購入が当たり前になっています。スマホを使えば、こうしたチケットの予約や購入もかんたんに行えます。旅行やイベントの予約ができるホームページ・アプリには、以下のようなものがあります。ここでは、スマホを使った宿泊施設の予約方法の例をご紹介します。

新幹線・特急	EX、えきねっと、JRおでかけネット
飛行機	各航空会社のサイト、旅行サイト
宿泊施設	楽天トラベル、Yahoo!トラベル
スポット	アソビュー
イベント	ローソンチケット

手順①
予約したいホームページを開く。ここでは、旅行の予約ができる「じゃらん」を開いている。

手順②
キーワード、エリアを入力し、日付、予約人数を選択する。「絞り込み」をタップすると、朝食や大浴場などの指定ができる。検索結果から、プランや宿泊施設をタップする。

手順 ❸

プランや宿泊施設の内容を確認できる。日付やプランごとに、何度か「予約する」「予約へ進む」をタップする。

手順 ❹

予約者情報、チェックインの時間、支払い方法、連絡事項を入力し、「入力内容を確認する」をタップする。内容を確認して予約する。

手順 ❺

手順④で入力したメールアドレスに予約内容のメッセージが届き、宿泊の予約ができた。

今後も増えていくスマホでの予約方法を、しっかりマスターしておこう！

HP・検索・買い物
10 ネットショップや予約サイトの注意点は？

過度に怖がらず、商品の情報やレビューを確認するなど注意点を知っておこう。

ネットショップでの商品の購入や予約サイトでのチケット購入は、**商品の評価（口コミ）を見る**ことができたり、遠くのお店からお取り寄せができたりと、さまざまなメリットがあります。そんな便利なサービスを安心して楽しめるように、以下の点について知っておきましょう。

商品情報をよく確認する

購入前に、商品の情報を確認しましょう。記載されている情報を見て、ほしい商品の条件を満たしているかどうか、**色やサイズ、付属物、機能などを確認**しましょう。また、自分がほしい商品によく似た、類似品の可能性もあります。メーカーなどを確認し、本当にその商品なのかどうかを確認しましょう。**極端に安すぎるものは、模倣品の可能性**もあるので注意が必要です。

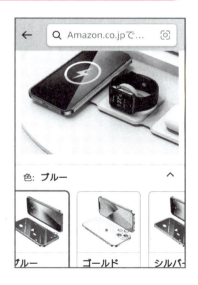

充電器や時計は、別売のもの。カラーも選べる

メールや電話で事前に問い合わせる

疑問や不安な点がある場合は、購入前にメールや電話で問い合わせましょう。メールでのやり取りは、証拠としても大切です。

トータルの金額を確認する

商品の価格だけでなく、**必ず送料・手数料を合わせた金額を確認**しましょう。商品の価格が安いものは、その分、送料が割高になっているケースもあるので注意が必要です。

その他の注意点

その他、ネットショップを利用するときには下記のような点に注意しましょう。

- 返品条件：初期不良時の対応／返品・交換条件／返品時の送料／キャンセル料の有無
- 販売元の連絡先や所在地：「特定商取引に関する表記」で確認。印刷しておくと◎
- 商品掲載画面や注文確認画面を印刷
- 定期購入になっていないか確認
- 商品が届いたら、注文した商品かどうか、傷や汚れ、動作不良がないか、付属品・説明書・保証書は揃っているかを確認（新品の場合は保証書の店舗印を確認）

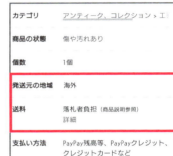

発送元が海外で送料も不明

コラム　サクラチェッカーで、サクラを調べる

サクラチェッカー（sakura-checker.jp）は、**Amazon のレビューにやらせ（さくらの口コミ）が含まれていないかどうかを調べられる**サービスです。Amazon で商品の URL をコピーしてサクラチェッカーに貼り付ければ、さくらの口コミの有無を調べることができます。

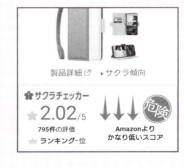

HP・検索・買い物
11 クレジットカードを使わないと買い物できないの？

クレジットカード以外にも、スマホでの買い物や予約にはさまざまな支払い方法があります。

スマホを使った買い物や予約の支払いには、クレジットカードが使われることが多いです。しかし、情報漏洩に不安がある場合は、他の支払い方法を選ぶことができます。初心者に**安心なのは、プリペイド（前払い）カード**です。プリペイドカードは、Amazonや楽天市場のカードをコンビニで購入することができます。以下で、さまざまな支払い方法をご紹介します。

プリペイドカード

コンビニで、Amazon、楽天、Androidアプリ、音楽配信サービスなどのカードを購入します。1,000円単位のまとまった金額になっているため、端数が使い切れないこともありますが、**購入金額以上は使われないことや個人情報の入力が不要**なため、安心です。一方、主に高齢者を相手にカードを買わせる詐欺もあるので、購入時には何に使うかを説明して、店員に安心してもらいましょう。

カードの裏面には、注文時に入力する数字やひらがなが記載されている

キャリア決済

携帯電話の**通信料金と合わせて支払う**方法です。設定をすませていれば、かんたんに支払いができます。利用明細は、ホームページ上で確認できます。

クレジットカード

クレジットカード番号と、カード裏に記載されているセキュリティコードを入力して支払う方法です。後日、登録している銀行口座から引き落とされます。手持ちの**現金がなくても決済でき、その場で支払いが確定するため、発送も早い**という利点があります。前払いのため、商品の未着やトラブルの際の解決に労力が必要ですが、**クレジットカード会社が補償してくれる場合も**あります。使いすぎが心配な方には、VISAデビットという、口座の残高以上は使えないクレジットカードもあります。

代金引換

商品の受け渡し時に、**配送業者に料金を支払う**方法です。在庫があれば、商品の到着も早いです。後払いのため、商品未到着のトラブルにも巻き込まれない、おすすめの支払い方法です。ただし、手数料が約300円〜かかります。

コンビニ決済

商品の購入後に表示される画面や、登録したメールアドレス宛に届くメールに記載されている**注文書を印刷し、コンビニで支払う**方法です。

銀行振込／郵便振替

指定の**銀行口座に振り込む**方法です。振り込みが確認された時点で注文が確定し、発送が行われます。振り込み手数料がかかります。

決済サービス

「PayPay」や「Amazon Pay」などの決済サービスを利用する方法です。店舗や購入先にクレジットカード番号や銀行口座番号を知らせずに購入できます。商品未着の場合も保証があり、ポイント還元も充実しています。

6-11 クレジットカードを使わないと買い物できないの？　167

具体的な支払いの流れ

支払い方法はどうやって選べばよいの？

宿泊施設の予約を例に、支払い方法の選び方をご紹介します。

手順 ①

宿泊施設の予約では、ログインするか、アカウントを登録するか、登録せずに利用するかを選択する。多くのサービスでは、アカウントの登録が必要になる。

手順 ②

支払い方法を選択する。宿泊施設の場合は、「現地払い」も選択できる。ネットショップの場合は、ショップごとに対応した支払い方法を選択する。

手順 ③

クレジットカード情報や支払いコードなどを入力して、支払いを行う。3Dセキュア認証を導入しているサービスでは、クレジットカードの認証アプリ、またはメールに届いたパスコードを入力する。

初心者に安心なのは、プリペイドカード、代金引換、VISAデビットカード、コンビニ決済。

第 7 章

写真・動画・音楽・ファイル の「困った！」「わからない！」に答える

スマホで誰もが利用する機能の1つに、カメラがあります。スマホのカメラでは、写真だけではなく動画の撮影も可能です。また、映画やテレビ番組などの動画を見たり、音楽を聴いたりすることもできます。7章では、スマホを使った写真、動画、音楽の楽しみ方をご紹介します。また、スマホで文書などのファイルを取り扱う方法についても解説します。

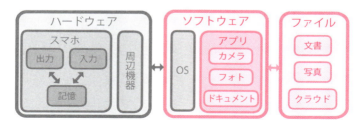

01 写真を上手に撮影するコツは？

メディア・ファイル

「カメラ」アプリのよく使う機能を知っておきましょう。

スマホのカメラを使うと、シャッターをタップするだけでかんたんにキレイな写真が撮影できます。ピントを合わせる方法やフラッシュ、明るさ調整などの機能を知っておくと、さらにキレイな写真を撮ることができます。ここでは、「カメラ」アプリのよく使う機能をご紹介します。最初に、スマホの「カメラ」アプリの画面を知っておきましょう。

❶ フラッシュの切り替え（オート、強制、赤目など）
❷ 背景ぼかし
❸ 明るさの変更
❹ 前面カメラと背面カメラの切り替え
❺ タイマーや画像サイズ、美肌効果などの設定
❻ モード（次ページ参照）
❼ シャッター
❽ 1つ前に撮影した写真

第7章 写真・動画・音楽・ファイルの「困った！」「わからない！」に答える

明るさを調整する

スマホの「カメラ」アプリでは、過度に暗い場所や明るい場所で撮影するときに、写真の明るさが明るくなりすぎたり暗くなりすぎたりすることがあります。その場合は、明るさの基準にしたい被写体をタップします。すると、

タップした被写体に合わせて明るさが調整されます。Androidでは下部のつまみで、iPhoneではタップした部分を上下にドラッグして、明るさの微調整ができます。同時に、タップした被写体にピントが合います。

明るさの微調整

ワンランク上の撮影方法

「モード」を使うと、どんな撮影ができるの？

スマホの「カメラ」アプリにある**「モード」の機能**を使うと、撮影状況に応じて、暗い場所に適した「ナイト撮影」、自撮りに適した「ポートレートセルフィー」などのモードを選択できます。iPhoneに「モード」はありませんが、下部に「ポートレート」があります。また、最上部の∧をタップすると、下部に露出やタイマー機能が表示されます。

「カメラ」アプリの機能を知って、もっとキレイな写真を撮影しよう。

02 写真はどこに保存されるの？

保存先を「スマホ本体」または「SDカード」から選べます。

スマホで撮影した写真は、スマホ本体に保存されます。スマホの機種によっては、挿入したmicroSDカードに保存することもできます。その場合は、「カメラ」アプリの⚙(設定)から、保存先を選択できます。大容量のmicroSDカードを利用すると、スマホの容量を節約できるのでおすすめです。**iPhoneや最新のGoogle Pixelでは、microSDカードの挿入はできません。**

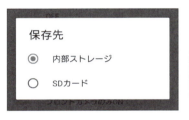

「カメラ」アプリの設定から、保存先を内部ストレージ（スマホ本体）またはSDカードから選択できる

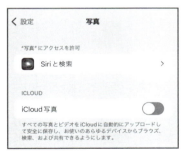

iPhoneの「設定」アプリの「アプリ」→「写真」をタップする。保存先の変更はできないが、「iCloud写真」に自動で保存することができる

写真の保存先は、主にスマホ本体かクラウド。機種によってはSDカードを選べる！

第7章 写真・動画・音楽・ファイルの「困った！」「わからない！」に答える

「フォト」アプリの使い方を教えて！

「フォト」アプリでは、これまでに撮影した写真の確認・編集ができます。

スマホの「フォト」アプリは、「カメラ」アプリで撮影した**写真の確認と編集**を行うアプリです。「フォト」アプリには、写真の整理や、自動でアルバムを作成してくれる機能などがあります。最初に、「フォト」アプリの最初の画面の内容を知っておきましょう。

❶ **＋**：アルバムや複数の写真をまとめたコラージュを作成できる。写真から自動で動画を作成することもできる

❷ **共有**：家族や友人との間で写真を共有できる

❸ **アカウント**：現在利用しているアカウント

❹ **：**：写真のグループ化や表示方法の変更ができる

❺ **写真**：タップすると大きく表示できる。長押しすると、削除や共有ができる

❻ **思い出**：写真をアルバム風に確認できる

❼ **コレクション**：スクリーンショット（P.22）やダウンロードした画像がここに表示される。撮影場所から写真を探すこともできる。iPhoneの場合、年別、月別、すべてといった分類で確認できる

スクリーンショットやダウンロードした画像は「コレクション」から見つけよう！

04 写真を編集したい！

「フォト」アプリを利用して、写真の編集ができます。

Androidの「フォト」アプリには、かんたんな編集機能があります。「フォト」アプリで編集したい写真を開き、**「編集」をタップすることで利用**できます。「レンズ」を使うと、画像内の文字からテキストを抽出できます。抽出したテキストは、コピー＆貼り付けして検索したり、文書の作成に利用したりできます。iPhoneの「写真」アプリにも、類似の機能が用意されています。

❶1つ前の画面に戻る
❷テレビやモニターに出力する
❸コレクションに追加する。コンビニで印刷もできる
❹アルバムに追加したり、説明を追加したりできる
❺横にスライドすると、次の写真に切り替えられる
❻連絡先やメールで共有できる
❼写真の編集ができる
❽写真を使った検索や翻訳ができる（P.178参照）
❾写真を削除する

写真の編集でできること

写真の編集では、どんなことができるの？

写真の編集では、人気の機能の**「消しゴムマジック」**や「切り抜き」「フィルタ」、文字や落書きができる「マークアップ」などが利用できます。

手順①
「編集」をタップする。

手順②
写真の編集画面になる。最初の画面では、「消しゴム」「ボケ補正」など、写真に応じた「自動補正」を利用できる。iPhoneでは、「露出」や「ブリリアンス」を利用できる。

手順③
「候補」をスライドすると、「切り抜き」「ツール」「調整」「フィルタ」「マークアップ」を利用できる。iPhoneでも「フィルタ」や「切り取り」が利用できる。編集が終了したら「コピーを保存」または「✓」をタップする。

7-04 写真を編集したい！ 175

■ 切り抜き

写真の切り抜きや傾きの調整、変形、回転ができます。

画面をスライドすると、傾きを調整できる

■ ツール

ぼかしを入れたり、不要なものを消したりしてくれる「消しゴムマジック」が利用できます。「カモフラージュ」は、消去で消えにくい際に利用します。

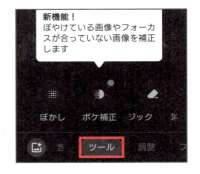

「消しゴムマジック」で、指でなぞった部分を消すことができる

■ 調整

明るさや色合いの変更ができます。スライドすると、明るさの他、彩度やノイズ除去などが利用できます。

「コントラスト」をタップし、左方向にスライドすると、写真がくっきりした印象になる

■ フィルタ

「ビビッド」や「ハニー」などをタップして、写真の雰囲気を変えられます。

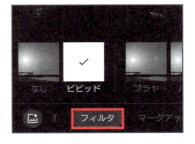

例は「ビビッド」。写真が色鮮やかになる

高度な編集をするには

もっといろいろな編集をしたい！

「フォト」アプリの編集機能では物足りない場合は、写真の編集アプリを利用しましょう。さまざまな写真加工ができる「PhotoDirector」や、自撮り写真をキレイにしてくれる「BeautyPlus」「Snow」など、さまざまなアプリがあります。

■ 「PhotoDirector」

■ 「BeautyPlus」

「フォト」ではできない、さまざまな写真加工ができる「PhotoDirector」

肌をキレイにしたり、AIを使ってイラスト化したりしてくれる「BeautyPlus」

コラム

動画も編集できるの？

「フォト」アプリでは、動画の編集も可能です。撮影した動画を「フォト」アプリで開き、「編集」をタップします。動画の編集でも、「切り抜き」「調整」「効果」「フィルタ」「マークアップ」の機能を利用できます。

教える・伝わる **コツ**

「フォト」アプリには、たくさんの編集機能がある。まずは、かんたんな編集から試してみよう！

7-04 写真を編集したい！ 177

05 写真に写っているものの名前を調べられるって本当？

撮影したものの名前を調べるだけでなく、翻訳や問題を解くこともできます。

Androidの「フォト」アプリで「レンズ」を利用すると、撮影した写真に**写っているものの名前を調べる**ことができます。また、写真の中の英語を日本語に翻訳したり、Googleで検索して「類似の写真」を探したりすることができます。類似の写真を見つけることで、写っているものの名前を知るヒントになります。

手順 ①
「フォト」アプリで写真を開き、「レンズ」をタップする。iPhoneでは、下部の「i」マークをタップする。

手順 ②
調べたい領域が自動で表示される。変更したい場合は、スライドして拡大する。

手順 ③

上にスライドすると、類似の写真の候補が表示される。

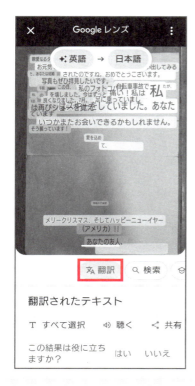

「翻訳」をタップすると、写真の中の英語が日本語に変わる。他の言語にも切り替えられる

「宿題」をタップし「検索」をタップすると、Googleで調べた解答が表示される

いろいろなものを撮って、「フォト」アプリの「レンズ」で名前を調べてみよう。

7-05　写真に写っているものの名前を調べられるって本当？　179

06 クラウドって何？

クラウドは、インターネット上の保存場所です。スマホやタブレット、パソコンとの間で、同じファイルを共有できます。

クラウドは、インターネットを介してデータを共有するサービスです。複数の機器で、同じ写真や文書を利用することができます。特にスマホで撮影した**写真をパソコンに取り込む場合、クラウドを利用するのが便利**です。代表的なクラウドのサービスに、**Androidの「Googleドライブ」、Appleの「iCloud」**があります。クラウドに保存する方法は、以下のようになります。

手順 ①
「フォト」アプリの「共有」から、「ドライブ」をタップする。iPhoneの場合は「"ファイル"に保存」をタップする。

手順 ②
保存先として「マイドライブ」を選択し、「保存」をタップする。iPhoneの場合は、「ブラウズ」→「iCloud Drive」の順にタップする。

手順 ③

「ドライブ」アプリを開く。

手順 ④

すると、保存した写真が入っていることがわかる。iPhoneの場合は、「ファイル」アプリ内の「ブラウズ」の「iCloud Drive」内に保存されている。

手順 ⑤

写真を長押しして「ゴミ箱」マークをタップすると、クラウドから写真を削除できる。

クラウドを使いこなして、スマホやタブレット、パソコンで写真や文書を共有しよう。

07 写真やファイルが見つからないんだけど…

メディア・ファイル

「フォト」アプリの検索を利用しよう。大切なファイルは「お気に入り」に入れておこう。

スマホの写真やファイルが見つからない場合は、検索が便利です。写真や動画なら「フォト」アプリ、スマホ内の**すべてのファイルから探したい場合は「Files」**アプリの検索を利用しましょう。「Files」アプリは、スマホで撮影した写真や動画、文書などのファイルを、スマホ本体やSDカードの他、クラウドも含めて検索することができます。

「フォト」アプリの検索機能。検索できる範囲は限られている

「Files」アプリの検索窓をタップすると、画像や動画といったカテゴリや日付からも探すことができる

「Files」アプリでは、「動画またはドキュメント」など、複雑な絞り込みができる

ファイルに目印をつける

 いつも写真を見つけるのに苦労するんだけど…

写真を見つけるのに苦労する場合、「フォト」アプリで、**大切な写真の☆をあらかじめタップしておくのがおすすめ**です。☆をタップした写真は「検索」の「お気に入り」にまとめられるので、見つけやすくなります。余裕があれば、■**から「説明に追加」を選んでキーワードを追加しておく**と、検索で見つけやすくなります。また、不要な写真はこまめに削除しておくと、必要な写真を見つけやすくなります。

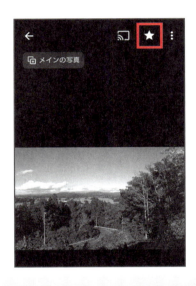

右上にある★をタップした写真は、「フォト」アプリの「コレクション」の「お気に入り」から見つけられる

右上の■をタップし、「説明を追加…」にキーワードを追加する

 **大切な写真はお気に入りに登録するか、説明にキーワードを追加しておくと見つけやすい。**

08 スマホで撮影した写真をパソコンに入れられる？

スマホの写真をクラウドに保存しておけば、パソコンやタブレットにも保存されます。

スマホで撮影した写真は、スマホの紛失や故障が原因で失ってしまうこともあります。Androidの「Googleドライブ」やAppleの「iCloud」を使えば、クラウド（P.180）にデータをバックアップすることができます。クラウドにバックアップした写真は、**他のスマホやタブレット、パソコンからも利用できます**。少ない枚数であれば次ページの方法でパソコンに取り込むこともできますが、写真の数が多かったり、スマホの買い替えを考えている場合は、クラウドを利用した方が便利です。クラウドを使えば、写真以外に文書などのファイルも共有できます。

「Googleドライブ」を確認する

「Googleドライブ」に保存したファイルを、他のスマホやタブレットから確認してみましょう。「Googleドライブ」アプリを利用する他、ブラウザから「Googleドライブ」で検索しても利用できます。

手順①
P.180の方法で、「ドライブ」アプリに写真や文書を保存する。

手順②
他のスマホやタブレット、パソコンで「Googleドライブ」を開く。

手順 ③
スマホと同じアカウントでログインする。

手順 ④
「Googleドライブ」に保存した写真や文書が確認できる。

パソコンに直接取り込む方法

 スマホをパソコンにつなげれば写真を入れられるの？

残念ながら、スマホとパソコンを接続するだけでは写真を取り込めません。スマホ側での操作が必要です。スマホとパソコンをUSBケーブルで直接接続し、Androidの場合は**「設定」アプリ→「機器接続」→「USB」**の順にタップし、USBの**接続用途を「ファイル転送」**に切り替えます。この操作は、接続するたびに行う必要があります。パソコン側の「PC」にスマホのアイコンが表示されるので、これを開きます。

「USBの接続用途」を「ファイル転送」に設定する

コラム

アルバムの作成

スマホで撮りためた写真は、見返すことがないまま忘れてしまうことも少なくありません。そこでおすすめなのが、プリントされたアルバムを作成する方法です。「TOLOT」や「しまうまプリント」アプリを利用すると、低価格でアルバムにして、自宅まで届けてくれます。

09 スマホで文書作成はできないの？

スマホでも、文書を作成したり表計算を行ったりすることができます。

スマホでは、パソコンと同じように文書の作成ができます。Androidの場合、文書作成には「ドキュメント」アプリ、表計算なら「スプレッドシート」アプリを利用します。複雑なレイアウトの文書は難しいですが、かんたんなレポートや議事録なら十分作成できます。また、他の人が作成した文書にコメントを入れることもできます。**iPhoneの場合は、文書作成はAppleの「Pages」アプリ**かMicrosoftの「Word」アプリ、**表計算はAppleの「Numbers」アプリ**かMicrosoftの「Excel」アプリをインストールして利用します。「Googleドライブ」をインストールして開くこともできます。

手順 ①
「ドキュメント」または「スプレッドシート」をタップする。

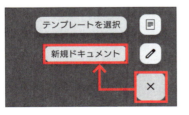

手順 ②
「+」をタップし、「新規ドキュメント」をタップする。「テンプレートを選択」をタップすると、テンプレートを使って文書を作成できる。

手順 ③
白紙が表示されるので、文書を作成する。

「ドキュメント」アプリの各部名称

「ドキュメント」アプリの各部名称を知っておきましょう。

❶ 文書の内容を確定する。保存と同様の機能
❷ 1つ手順を戻すか、やり直す
❸ 文字の大きさや色、揃え、行間を変更する
❹ 画像、表、ページ区切りを挿入する
❺ コメントを追加する
❻ レイアウトやページ設定、共有、印刷など
❼ 文章を音声で入力できる

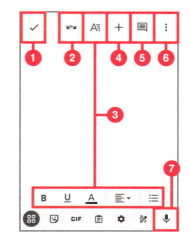

チラシから年賀状まで作れる「Canva」(キャンバ)

「Canva」(キャンバ)は、あらかじめ用意された素材を元に、チラシや年賀状といったビジュアルを重視した文書を作成できるアプリです。プロが作った高品質なサンプルが多数用意されているため、おしゃれなデザインをかんたんに作成できます。無料で利用できますが、アカウントの作成が必要です。

「年賀状」で検索すると、多数のテンプレートが見つかる。タップして、文字や写真を入れ替えられる

スマホでも、やり方によっては高品質な文書を作成できます!

10 写真やファイルをまちがって削除してしまった！

まちがって削除した写真やファイルは、ゴミ箱から元に戻すことができます。

まちがって**削除した写真やファイルは、実はゴミ箱の中に残っています**。30日や60日など、一定の期間が過ぎると完全に削除されるのですが、その前であれば元に戻すことができます。

削除した写真を確認するには、**「フォト」アプリの「コレクション」の「ゴミ箱」**をタップします。**iPhoneの場合は、「写真」アプリの「アルバム」内の「最近削除した項目」**にまとめられていて、確認にはパスコードの入力が必要です。

ゴミ箱の写真を元に戻すには、写真を長押しするか、写真が大きく表示された画面で「復元」をタップします。ゴミ箱の中の写真を完全に削除したい場合は、︙→「ゴミ箱を空にする」→「完全に削除」の順にタップします。

第7章 写真・動画・音楽・ファイルの「困った！」「わからない！」に答える

「フォト」アプリのゴミ箱の中を確認する

「完全に削除」をタップして、ゴミ箱の中の写真を削除する

ゴミ箱内の削除したファイルを確認

 削除したファイルは、どうやって確認するの？

削除したファイルを確認するには、次のように操作します。

手順 ①
「ドライブ」アプリを開き、左上の≡をタップする。

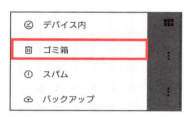

手順 ②
「ゴミ箱」をタップする。すると、削除したファイルを確認できる。ゴミ箱から元に戻すには、⋮をタップし、「復元」をタップする。

削除したファイルの復元

 完全に削除されたら、戻せないの？

ゴミ箱から完全に削除してしまった写真やファイルの復元は、かんたんにはできません。「Googleドライブ」に保存していた場合は、残っている可能性もゼロではないため、検索することで見つけられる可能性もあります。完全に削除したファイルの復元ができるアプリもあります。「Playストア」や「App Store」で、「写真　復元」といったキーワードで検索します。最初はアプリを無料でインストールして、復元できることがわかった場合は、アプリを購入して復元します。大切な写真やファイルは、バックアップしておくのがおすすめです（P.220）。

 **写真やファイルをまちがって削除してしまっても、あわてずゴミ箱を探してみよう。**

メディア・ファイル 11
スマホで音楽を楽しむには？

懐メロやラジオを聴いたり、ピアノの練習もできます。

スマホでは、さまざまなアプリやサービスを利用して音楽を楽しむことができます。YouTubeでも映像つきの音楽を楽しめますし、**「radiko」ではラジオ番組を聴くことができます**。とはいえ、YouTubeの場合は聴きたい曲を見つけられないことがありますし、ラジオも決まった番組しか聴けません。**好きな音楽を自由に聴きたい**場合におすすめなのが、**「Spotify」**（スポティファイ）です。無料の場合はCMが入りますが、聴きたいと思った曲はたいていあります。また、聴いた曲に関連する楽曲を提案してくれます。ただし、好きな曲を好きな順番で聴きたい場合や広告を入れたくないという場合は、有料アカウントに登録する必要があります。「Spotify」の他、音楽を聴けるサービスには**「Apple Music」**や**「YouTube Music」**があります。Androidの「ミュージック」アプリでも、楽曲を購入したり、スマホ内に保存された音楽を聴いたりすることができます。

「Spotify」アプリ。利用にはアカウント登録が必要

Androidに最初から入っている「ミュージック」アプリ

カラオケやピアノの練習もできる

 スマホでは、音楽を聴けるだけですか？

スマホでは、音楽を聴く以外にも、いろいろなことができます。アプリをインストールすることで、カラオケの練習や、ピアノやドラムの練習、楽譜から曲を流したり、作曲したりすることができます。

カラオケが楽しめる「ポケカラ」アプリ

Playストアで「ピアノ　練習」で検索すると、ピアノ練習アプリがたくさん表示される

 **いろいろな楽曲を聴ける「Spotify」やラジオ番組が聴ける「radiko」で、音楽を楽しもう！**

コラム スマホ内の個人情報を守る方法

スマホ用のアプリには、スマホ内のデータにアクセスできる権限が与えられています。この権限は、アプリのインストール時や初回起動時に「許可」していることが多いです。スマホ内のデータにアクセスできるということは、アプリに個人情報へのアクセスを許可しているということでもあります。個人情報には、氏名／生年月日／住所／写真／要配慮（人種、信条、病歴など）の他、信用情報（クレジットカード番号／口座番号／年収）が含まれる場合もあります。アプリに不要な個人情報へのアクセス権限を与えていないか、確認しておきましょう。

アプリのアクセス権限を確認するには、Androidの場合は==「設定」アプリで「プライバシー」→「権限マネージャー」の順にタップ==します。権限の中で特に注意する必要があるのは、ファイル、位置情報、連絡先、写真と動画です。例えば「権限マネージャー」の「位置情報」をタップし、許可するアプリ（使用中のみ許可）の一覧に位置情報が不要と思われるアプリが含まれていないか確認します。含まれていた場合は、タップして「許可しない」に設定します。iPhoneの場合は、「設定」アプリの各アプリまたは「プライバシーとセキュリティ」の「位置情報サービス」や「連絡先」で許可／不許可を切り替えられます。
また、P.235のコラムの方法で、定期的に安全性の確認を行うのもおすすめです。

個人情報が流出する経路は、アプリからのアクセス以外にもさまざまです。実は、==情報を管理・保有している社内の人間や委託を受けている会社からの持ち出しによる情報流出==も少なくなく（下部URL参照）、この場合はスマホだから危険というわけではありません。その他、ネットショップ、SNS、ブログからの流出もあります。リスクを避けるためにも、極端に安すぎたり、すべての評価がよすぎたりするネットショップからの購入は控えましょう。また、SNSやブログに個人情報を書き込むことはやめましょう。

2024年上場企業の「個人情報漏えい・紛失」事故　過去最多の189件、漏えい情報は1,586万人分
https://www.tsr-net.co.jp/data/detail/1200872_1527.html

第8章

スマホライフと周辺機器の「困った！」「わからない！」に答える

スマホを活用するために用意しておくと便利なのが、プリンタ、モニター、イヤホンなどの周辺機器です。最近の周辺機器にはたくさんの機能が搭載されています。また、スマートスピーカーやスマートウォッチは、スマホと連携することで、より便利で魅力的になります。8章では、スマホの便利な周辺機器の使い方について解説していきます。

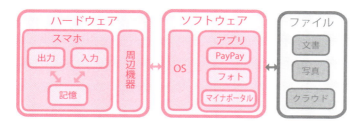

スマホの周辺機器には どんなものがあるの？

 ヘッドフォンやキーボード、スマートウォッチなど、さまざまなものがあります。

スマホには、いろいろな周辺機器やアクセサリーが発売されています。周辺機器を利用することで、スマホがもっと使いやすく、楽しくなります。ここでは、**「出力装置」「入力装置」「補助記憶装置」「スマートデバイス」「保護・アクセサリー」**の5つに分けて、周辺機器をご紹介します。

出力装置

スマホの情報を表示するための周辺機器です。プリンタやモニターのように視覚的な出力を行うものや、イヤホンやスピーカーのように音声で出力するものがあります。

■ プリンタ

スマホ内の写真や文書を印刷するプリンタです。プリンタの多くには、**印刷だけでなく、コピーやスキャンなどの機能**が組み込まれています。こうしたさまざまな機能を持ったプリンタを、複合機と言います。スキャンは、スマホの「カメラ」アプリで行うこともできますが、プリンタのスキャン機能を使うと、よりキレイに取り込めます。スマホとプリンタの接続には、**Bluetoothや AirPrint（iPhoneの場合）**を利用します。プリンタ用のアプリをスマホにインストールする必要があります。

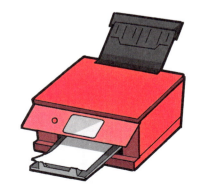

■ モニター／プロジェクター／テレビ

スマホの画面を大きく映し出すためのモニターやプロジェクターです。**Bluetoothや AirPlay**（画面ミラーリング）、**USB-HDMI 変換ケーブル**を利用して接続します。

■ イヤホン／ヘッドフォン

スマホの音声を聞くためのイヤホンやヘッドフォンです。ケーブルが邪魔にならないワイヤレスのものが主流です。マイクがついたイヤホンなら、手ぶらでの通話も可能です。**Bluetoothやイヤホンジャック、USB端子**で接続します。

■ スピーカー

スマホの音声を聞くためのスピーカーです。音楽や通話をより高音質に楽しめます。**BluetoothやUSBケーブル**で接続します。

入力装置

スマホに指示をしたり、文字入力を行ったりするための周辺機器です。通常のタッチ操作の代わりに使用します。

■ タッチペン

スマホを指ではなく、ペンで操作します。先端が尖っているため、**指よりも細かい操作が可能**です。設定の必要がない静電気方式が多いですが、機種によってはBluetoothで接続します。

キーボード

スマホで文字を入力するためのキーボードです。パソコンでの入力に慣れている人は、**スマホの画面で入力するよりも速く入力できます**。折りたたみできるものもあります。BluetoothやUSBケーブルで接続します。

補助記憶装置

スマホの中の写真や文書などのデータを保存するための周辺機器です。類似の保存先にクラウド（P.180）がありますが、補助記憶装置ではありません。

■ microSDカード

スマホ内に挿入して、連絡先や写真を保存できます。万一スマホが壊れた場合にも、バックアップとして利用できます。**iPhoneの場合は、別途カードリーダーを接続**することでmicroSDカードを流用できます。

スマートデバイス

スマホと連携をして通話をしたり、体温や体重、心拍数を測ったりすることができる周辺機器です。一部の機能は、スマホがなくても利用できます。

■ スマートウォッチ

腕につけることで、**体温や心拍数、歩数を測る**ことができます。スマホと連携することで、より多くの機能を利用できます。**血糖値が測れるものはありません**。また血圧は正確ではないため、参考程度です。スマホを出さずに、**タッチ決済や改札の入場**に利用できます。

■ スマートスピーカー

スマホと連携することで、今日の天気などを質問したり、音楽を流したりすることができます。

■ スマート家電

家電の中にも、計測した体重をスマホに記録してくれるスマート体重計や、中身や賞味期限を記録してくれるスマート冷蔵庫、照明やエアコンの電源操作ができるスマートリモコンなどがあります。

保護・その他のアクセサリー

スマホを保護するための周辺機器やその他のアクセサリーには、次のようなものがあります。

■ 保護ケース

スマホは、落として画面が割れたり、水没して故障したりする危険があります。保護ケース（スマホカバー）を取り付けることで、画面割れや水没時の故障を防ぐことができます。詳しくは、P.217を参照してください。

■ 保護フィルム

スマホの画面を傷や衝撃から保護するフィルムです。ブルーライトカットのものもあります（P.61参照）。フィルムよりもガラスタイプのほうが貼り付けやすいです。器用な家族や友人にお願いしてもよいですし、一部のお店ではスマホの購入時に貼り付けてくれるサービスもあります。

■ 落下防止リング

スマホは突起が少ないため、手をすべらせて落としやすい構造になっています。裏側に落下防止リングをつけることで、**落としにくく**なります。

■ モバイルバッテリー

スマホ本体の充電が切れた場合の、予備のバッテリーです。コンビニなどで**充電器をレンタルできる「ChargeSPOT」**などのサービスもあります。

■ その他

車に取り付けることで、スマホをカーナビのように利用できる「車載ホルダー」や、自分を撮影するための「自撮り棒」、スマホのカメラを望遠や広角にする「レンズフィルター」があります。

周辺機器やアクセサリーを充実させると、スマホライフがもっと楽しくなる。

02 スマホから印刷できるの？

専用のアプリを利用して印刷します。

スマホを使ってプリンタからの印刷を行うには、Androidの場合、プリンタ専用のアプリをスマホにインストールします。**Canonは「Canon Print Service」、EPSONは「Epson iPrint」をインストール**します。

手順 ①
「Playストア」から、Canonの場合は「Canon Print Service」、EPSONの場合は「Epson iPrint」をインストールする。

手順 ②
「フォト」や「Chrome」アプリで、「共有」をタップする。

手順 ③
上にスライドして、「印刷」をタップする。

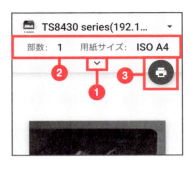

手順 ❹

使用するプリンタを選択し、「v」をタップする❶。用紙サイズや部数を選ぶ❷。🖨（印刷）をタップする❸。

iPhoneの場合は、iPhoneとプリンタが同じWi-Fiに接続していて、プリンタがAirPrintに対応していれば、「写真」アプリの📤（共有）から印刷できます。

iPhoneでは「写真」アプリの📤（共有）をタップし、「プリント」をタップする

コンビニで印刷する

 コンビニでも印刷できるの？

スマホを使ってコンビニで印刷する場合は、コンビニの専用アプリをスマホにインストールします。**セブンイレブンは「かんたんnetprint」、ファミリーマートは「ファミマネットワークプリントアプリ」を利用**します。アプリで印刷の操作を行った後、コンビニのマルチコピー機で操作をして印刷します。

プリンタやコンビニのサービスを使えば、スマホからも印刷ができる。

03 スマートウォッチやスマートスピーカーと連携するには？

> スマートウォッチやスマートスピーカーのアプリの指示に従って接続します。

スマートウォッチやスマートスピーカーとスマホを接続することで、心拍数や血圧を計測したり、高音質で音楽を聞いたりすることができます。事前準備として、機器を利用するためのアカウントを用意しましょう。例えば、**「Apple Watch」ならAppleアカウント、「Google Pixel Watch」やスマートスピーカーの「Google Nest」ならGoogleアカウント**、スマートスピーカー**「Echo」ならAmazonアカウント**が必要になります。

スマホと機器をペアリングする

アカウントを取得したら、スマホにアプリをインストールし、機器の近くにある状態で電源を入れ、表示される指示に従って操作します。

手順 ①
スマホに、スマートウォッチ用のアプリをインストールする。Google Pixel Watchなら「Google Pixel Watch」アプリ、Apple Watchなら「Apple Watch」アプリ、「Echo」なら「Amazon Alexa」アプリをインストールする。

手順 ②

スマートウォッチやスマートスピーカーの電源を入れて、スマホの近くに置いてしばらく待つ。

手順 ③

スマホに表示される指示に従って、ペアリングの設定を行う。スマートウォッチはBluetooth（P.81）、スマートスピーカーはWi-Fi（P.32）で接続する。スマホとこれらの機器を利用できるようにすることを、ペアリングと呼ぶ。

スマート端末の互換性

 スマホはAndroidだけど、「Apple Watch」を使いたい！

残念ながら、**「Apple Watch」はiPhoneでしか利用できません**。同じように、「Google Pixel Watch」はAndroidでしか利用できません。Amazonのスマートスピーカー「Echo」は、AndroidとiPhoneの両方で利用できます。

 **スマホと連携できるスマートウォッチ、スマートスピーカーを使ってみよう！**

8-03　スマートウォッチやスマートスピーカーと連携するには？

スマホ決済は、本当に便利なの？

 適切に活用することで、便利でお得な面がたくさんあります。

スマホ決済の機能を使うと、現金やクレジットカードと同じように、お店での**支払いをスマホで行うことができます**。スマホ決済には、以下のような種類があります。利用者数が**もっとも多いのはPayPay**で、利用できるお店も多いです。交通機関をよく利用するならモバイルSuica、イオンを利用するならモバイルWAONなど、**よく利用するお店やサービスに応じて決済方法を選ぶのがおすすめ**です。また、docomoユーザーならd払い、auユーザーならauPAYを使うという選択肢もあります。

決済方法	名前	特徴	アプリ	主な利用場所	デメリット	おすすめクレカ
QR	PayPay	頻繁なキャンペーンで、高い還元率で、PayPayポイントが貯まる	PayPay	実店舗、ネットショップ Yahoo!系列 Softbank系列	個人情報登録が多い。多機能で複雑 射幸心をくすぐられる	PayPayカード
	AEON Pay	イオングループのお店でWAONポイントが貯まる	iAEON モバイルWAON	イオン、実店舗	イオン系列が中心	イオンカード
QRタッチ	楽天ペイ	楽天ポイントが貯まる	楽天ペイ	実店舗、ネットショップ 楽天系列	楽天をあまり使わない人は不向き	楽天カード
	ApplePay	iPhoneやApple Watchでタッチで素早く支払える	ウォレット	実店舗、ネットショップ アプリ内課金	iOSのみ	各種クレカ
	GooglePay	Androidスマホで、タッチで素早く支払える	Googleウォレット	実店舗、ネットショップ アプリ内課金	Androidのみ	各種クレカ
タッチ	モバイルSuica	高い還元率で、JREポイントが貯まる。オートチャージ対応。交通機関に強い	モバイルSuica	交通機関、実店舗、コンビニ	カードかスマホのどちらかのみしか使えない	ビューカード
	iD払い	タッチで素早く支払える	ウォレット	実店舗、自販機		三井住友
	QUICPay+	JCBクレジットカードで素早く支払える	ウォレット	実店舗、自販機		JCBカード
キャリア	auPAY	毎月の料金とまとめて払うアプリ不要で後払いのauかんたん決済もある Pontaポイントが貯まる	auPAY	実店舗、ネットショップ アプリ内課金	au契約者のみ	auPAYカード
QRキャリア	d払い	毎月の料金とまとめて払うdポイントが貯まる	d払い	実店舗、ネットショップ	docomo契約者用	dカード

スマホ決済の支払い方法

 スマホ決済は、どうやって支払うの？

スマホ決済には、大きく分けてタッチ決済とコード決済があります。

■ **タッチ決済**

お店にある端末にタッチし、パスコードを入力するだけで支払いができます。Google PayやApple Pay、モバイルSuica、iD払いがあります。

■ **コード決済**

QRコードと呼ばれるバーコードを通して支払います。自分のスマホにQRコードを表示させる方法と、お店のQRコードをスマホのカメラで読み取る方法があります。PayPayやAEON Pay、楽天Payがあります。

 実際のお金は、どこで払うの？

スマホ決済での実際の支払いは、設定する支払い方法に応じて、前払い、後払い、即時払いが可能です。前払いは、チャージとも呼びます。

■ **前払い**

前払いには、ATMやJR券売機、WAON端末での入金とプリペイドカードを購入し、アプリに番号を入力する方法があります。

■ **後払い**

後払いには、クレジットカードまたは携帯通信費の支払いに登録した口座から引き落とされる方法があります。

■ **即時払い**

支払先を銀行と連携した場合やVisaデビットカードにした場合は、その場で決済になります。

PayPayにチャージする

PayPayを利用するには、事前に入金する前払い方法が人気です。「PayPay」アプリをインストールして、入金しましょう。入金は銀行口座やコンビニのATM、クレジットカードなどから行え、PayPay残高として支払いに利用できます。また、PayPayクレジットカードでの後払いも可能です。

手順 ①

PayPayアプリをインストールして、起動する。

手順 ②

入金方法をタップする。例では、「＋チャージ」→「ATMチャージ」をタップしている。PayPay銀行やクレジットカードとも連携できる（マイナンバーや運転免許証で本人確認が必要）。

手順 ③

PayPayへのチャージが可能なコンビニのATMで、［スマートフォンでの取引］または［チャージ］［QRチャージ］をタップする。ATMに表示されたQRコードを、スマホのカメラで読み込む。

PayPayで支払う

PayPayで支払うには、「PayPay」アプリで「支払う」をタップします。スマホにQRコードが表示されるので、店員さんに「PayPayで支払う」と伝えて**QRコードを読み取って**もらいます。または、**「スキャンして支払う」**をタップしてお店のQRコードを読み込みます。

PayPay残高が不足していると支払いができないので、事前にチャージしておくか、クレジットカードによる後払いを選びます。条件はありますが、インターネットに接続されていなくても、支払いは可能です。

 スマホ決済は安心して使えるの？

スマホ決済も、次の節で説明するマイナポータルも、詐欺のような手口が増えているため利用には注意が必要です。**習慣化することで無意識で操作してしまうと**、フィッシング詐欺にだまされる原因になります。詳しくは、P.19をご覧ください。

 **スマホ決済は、リスクを理解して、上手に付き合いながら活用しよう。**

8-04　スマホ決済は、本当に便利なの？　205

05 マイナンバーカードや保険証の使い方は？

「マイナポータル」アプリを利用して、各種手続きが行えます。

「マイナポータル」アプリは、スマホを使ってマイナンバーに関する手続きを行えるアプリです。本人確認だけでなく、**住民票の発行や年金の加入状況**の確認、引っ越し時の**住民票の手続き**なども行えます。保険証、免許証との統合もされるので、利用方法をしっかり覚えておきましょう。マイナポータルでできることには、次のようなものがあります。

- 本人確認
- マイナ保険証との連携
- 住民票の写しや課税証明書の発行
- 年金加入記録や将来の受給見込額を確認
- 現在加入している健康保険の資格情報を確認
- 過去の特定健康診査（メタボ健診）の結果を閲覧
- 確定申告・e-Tax（電子申告）との連携
- 健康保険証との連携
- 引っ越しに伴う住民票の転入・転出手続き

手順①
「マイナポータル」アプリをインストールする。

手順②
「登録・ログイン」をタップする。

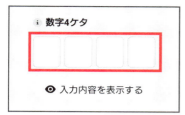

手順 ③

マイナンバー登録時に設定した、4桁の数字を入力する。「✓」をタップし、「ログイン」をタップする。

手順 ④

マイナンバーカードを、スマホの上に重ねて置く。「カードを外してください」と表示される。

手順 ⑤

カードを外すとブラウザが起動し、「マイナポータル」が起動する。

手順 ⑥

下にスライドして、行いたい手続きをタップする。健康保険証との連携や医療費の確認、年金、給付金、年末調整等ができる。

「マイナポータル」アプリを使えば、さまざまな行政のサービスを利用できる。

スマホで確定申告ができるって本当？

確定申告はスマホからでもできます！ e-Taxを使おう。

毎年、2～3月の年度末に行う確定申告。税務署の行列に並んで、整理券を受け取り…そんな手続きをしていると、丸1日かかってしまいます。また、手書きでの確定申告は、計算まちがいや書き損じが起こりがちです。そこで、決められた数字のみを入れればよい場合は、**スマホを使って自分で確定申告**を行うのがおすすめです。マイナポータルと連携することで、数字を自動で入力することもできます。

生命保険料
控除証明書

手順 ①
事前に、収入と控除の書類を用意しておく。

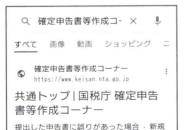

手順 ②
スマホのブラウザを起動し、「確定申告書等作成コーナー」で検索する。検索結果から、PR以外のものをタップする。一番上には広告が出ていることがあるので、注意する。

手順 ③

「作成開始」をタップする。

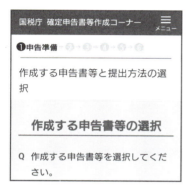

手順 ④

「所得税」をタップし、年度、提出方式をタップする。収入と控除の書類を参考に、入力していく。収入の書類は、仕事先からの「源泉徴収票」や「給与明細」。控除の書類は、10月頃に届く「生命保険料控除証明書」や、ふるさと納税先から受け取る「寄付金受領証明書」が該当する。

「e-Tax」って何？

「確定申告書等作成コーナー」で作成した申告書を提出するしくみが「e-Tax」です。「e-Tax」にはアプリがないので、「Chrome」アプリなどのブラウザで「e-tax」で検索し、利用します。

確定申告とマイナンバーを連携すると、何がよいの？

「マイナポータル」には、公的年金の受給情報や医療費、生命保険料の控除情報が登録されています。「確定申告書コーナー」でこれらの情報を読み込むことで、入力の手間やまちがいが起こりにくくなります。

収入や控除の項目が多くなければ、スマホから確定申告をしてみよう。

スマホライフ 07 緊急時や災害時にスマホを活用するには？

スマホには、緊急時に役立つ機能が含まれています。

いつも肌身離さず身に付けているスマホには、緊急時に利用できる機能が用意されています。また、P.200で紹介したスマートウォッチにも、転倒時に一定時間操作をしないと**緊急連絡先に着信やメールが届く**機能があります。遠隔地の見守りにも利用できます。

緊急時や災害時に利用できるスマホの機能

スマホには、標準で地震や緊急時に役立つ次のような機能があります。

■ 電源ボタン5回タップでSOS発信

電源ボタンを連続で5回押すことで、登録した連絡先への緊急の通知や、119への通報ができます。設定を確認・変更したい場合は、**「設定」アプリ→「緊急情報と緊急通報」**（iPhoneの場合は「緊急SOS」）をタップします。

■ 医療情報

「設定」アプリの「緊急情報と緊急通報」には、**「医療に関する情報」を設定**できます。**iPhoneの場合は、「ヘルスケア」アプリの「メディカルID」**で設定できます。アレルギー情報や服用中の薬を登録しておくことで、体調不良などで意思の疎通ができなくなった場合に役立ちます。

■ ライト（非常灯）

P.63で紹介した「クイック設定パネル」（iPhoneの場合は「コントロールセンター」）から利用できます。ペットボトルと組み合わせることで、簡易ランタンにすることもできます。

災害時や緊急時に利用できるアプリやサービス

自然災害の発生時や緊急時に役立つアプリやサービスがあります。いざというときに備えて事前にインストールし、利用方法に慣れておきましょう。

■ 災害用伝言板

地震や遭難など、被災した場合に**安否確認を投稿**できるアプリやサービスがあります。家族や友人と話し合って、利用するサービスを決めておきましょう。よく利用されているのは、「web171」です。「web171」で検索して利用できます。電話で「171」に発信しても利用できます。

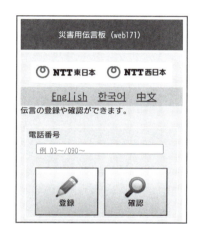

■ 緊急情報アプリ

地震、津波、洪水、土砂災害の緊急情報を発信しているアプリです。「Yahoo！防災速報」「NHK ニュース・防災」「特務機関NERV防災」などがあります。

■ LIVE119

119番等の緊急通報時に、**映像を通じて状況を共有**し、消防からの指示を受けて適切な処置が行えるサービスです。特別なアプリは不要で、スマホカメラで撮影して利用します。類似サービスに「Live110」があります。

スマホの緊急時のアプリやサービスを前もって準備し、使い慣れておこう！

コラム

デジタル機器の健康被害

スマホの課題の1つとして、次のような健康被害があります。

■ 眼精疲労

スマホは、テレビやパソコンと比べて目との距離が近く、凝視する時間も長時間に及びます。そのため、いつのまにか目を酷使することにつながっています。20分に1回くらいは休憩をとるのが理想的です。また、画面と部屋の明るさが極端にちがうと、目が疲れやすくなります。画面の明るさを調整したり（P.60）、ダークモードを利用したりしましょう。

ダークモードに設定した画面。背景が黒っぽくなっている。「設定」→「画面設定」→「ダークモード」（iPhoneの場合は「設定」→「画面表示と明るさ」→「ダーク」）で有効にできる

■ スマホ指

指に負担のかかる持ち方を長時間続けることで、腱鞘炎になったり、小指に負担をかけて指が外側に曲がってしまうスマホ小指があります。スマホリングやストラップを利用しましょう。

■ 肩こり・スマホ首

スマホを利用するときは、どうしても姿勢が前傾になりがちです。スマホを目と同じ高さに持つよう心がけましょう。

■ 依存症

スマホを頻繁に利用していると、スマホに触れていないと不安を感じたり、スマホからの通知に反射的に反応して、集中できなくなったりします。スマホから適度な距離を保ち、通知はなるべくオフにしておきましょう。また、寝る前にスマホを利用することで、睡眠の質が悪化するとも言われています。寝る前の利用は控えて、睡眠中は別の部屋に置いておきましょう。

第9章

安全とセキュリティ

の
「困った！」「わからない！」
に答える

スマホを使っていて心配になるのが、セキュリティの問題です。9章では、あらかじめ知っておくことでトラブルを防げるセキュリティの知識を解説しています。1つ1つ丁寧に読んで、安心してスマホライフを楽しみましょう。

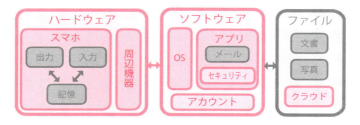

セキュリティ 01 パスコード？指紋認証？顔認証？どれがよいの？

スマホのセキュリティ機能には、それぞれ長所と短所があります。

スマホには、あなたの個人情報はもちろんのこと、家族や友人の連絡先も入っています。また、スマホ決済（P.202）の機能を悪用される可能性もあります。そのため、スマホには画面ロックの機能が搭載され、一定の条件を満たさない限り、第三者がスマホを利用できないようにしています。

「画面ロック」の画面

ただし、画面ロックは解除方法を設定していないと、画面を上にスライド（スワイプ）するだけで解除できてしまいます。これではスマホを誰でも使えてしまい、安全ではありません。以下の中から解除方法を選んで、設定しておきましょう。スマホの機種によっては、対応していないものもあります。

■ パターン

縦3×横3に並んだ点を、順番に**なぞって画面ロックを解除**します。視覚的に覚えやすく、すばやくロックを解除できますが、なぞった跡が残りやすかったり、推測されやすかったりという短所もあります。

パターンを設定
セキュリティ強化のため、デバイスをロック解除するためのパターンを設定してください

■ ロックNo.／パスコード

4桁または6桁の数字（PIN）を入力してロックを解除します。推測されやすく、他の方法と比較すると安全性は低いです。

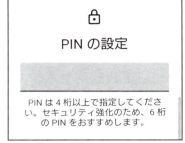

■ パスワード

数字だけでなく、**英語を含めた長い暗証番号を設定**できます。ロックNo.／パスコードよりも安全性が高いです。iPhoneの場合は「カスタムの英数字コード」で設定できます。

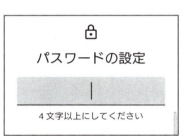

■ 指紋認証

スマホに**指を押し付けて、指紋認証を行うことでロックを解除**します。**iPhoneでは、「Touch ID」**と呼ばれていましたが、廃止されました。安全性は高いですが、正しく認証されないこともあるため、「ロックNo.」や「パスワード」との併用となります。

■ 顔認証

スマホに**顔をかざして、顔認証を行うことでロックを解除**します。**iPhoneでは、「Face ID」**と呼ばれています。安全性は高いですが、マスクをしていたり暗い環境など、条件によっては正しく認証されないことがあります。

認証方法を設定するには、**「設定」アプリで「セキュリティ」→「画面ロック」（iPhoneの場合は「Face IDとパスコード」）**の順にタップします。

**安全性の視点からは顔認証がおすすめ。
複数の認証方法を設定しておくと安心。**

02 スマホが壊れる原因は？スマホカバーって必要？

スマホが壊れる原因には、物理的（ハードウェア）とシステム（ソフトウェア）の2種類があります。

「スマホが壊れる」と言った場合、**物理的（ハードウェア）な不具合とシステム（ソフトウェア）の不具合**の2つの原因が考えられます。物理的な不具合には、長年使ったことによる自然故障や、落下や浸水などの事故による故障、ガラス割れがあります。また、スマホが使えなくなる原因として**もっとも多いのが、バッテリーの消耗**です。バッテリーは、約3年前後で十分に充電できなくなります。

一方、システムの不具合の場合、スマホやアプリが急に終了する、インターネットに接続できない、異常に動作が遅くなるといった事態が起こります。これは、**AndroidやiOS、インストールしたアプリ、アップデートなどの原因**が考えられます。システムの不具合が起こった場合、まずはスマホを再起動します。それでも改善しない場合は、設定のリセット（P.225）やアプリのアップデート（P.29）を行いましょう。

またスマホを長く使っていると、スマホ内の部品が最新のアプリに対応できなくなります。そうなると、最新のOSやアプリへのアップデートができなくなり、メーカーからのサポートもなくなる場合もあります。その場合は、スマホの買い替えを検討しましょう。

スマホの故障対策

 スマホをなるべく長く使えるようにするにはどうすればよいの？

スマホをなるべく長く使う方法として、次のような工夫があります。バッテリーを長持ちさせるコツ（P.38参照）も重要です。

■ スマホカバー／保護フィルム

スマホは持ち運ぶことが多いため、落下や水没、水濡れによって利用できなくなることがあります。特に液晶画面に傷がついたり、ひびが入ったりするのは、よくあることです。こうしたことを防ぐには、**スマホカバーや液晶カバーが必須**です。衝撃に強いものを選びましょう。

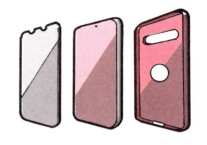

カバーと保護フィルムで安心

■ 保険

スマホカバーや強化ガラスでも守れなかった場合に備え、保険に加入しておくとよいでしょう。**各メーカーのサービスとして加入**できます。

■ 交換プログラム

携帯通信会社が提供している、1～2年で新機種と交換できるサービスもあります。ただし、古いスマホを返却する必要があり、傷があったり故障していたりするなど基準を満たしていないと料金が発生します。携帯通信会社によってサービス名がちがい、「いつでもカエドキプログラム」「スマホトクするプログラム」といった名前で提供されています。

 **ソフトウェアの不具合なら、アップデートや再起動が効果的。物理的な故障対策をしよう。**

03 スマホをなくしても見つけられるって本当？

紛失したスマホを見つけることは可能です。

肌身離さず持ち歩いているスマホですが、ふとしたことで置き忘れてしまったり、気が付いたら手元になかったりした経験が誰にもあるはずです。そんなときには、スマホを見つける機能を利用しましょう。**別のスマホやパソコンからスマホのアカウントにログインして、場所を見つける**ことができます。スマホの電源が入っていない場合も、電源が入っていた最終的な場所を探すことができます。

紛失したスマホを見つけるには、あらかじめ「デバイスを探す」の設定をオンにしておく必要があります。**「設定」アプリの「セキュリティ」をタップし、「デバイスを探す」**がオンになっていることを確認しましょう。**iPhoneの場合は、「設定」アプリの「Apple ID」をタップし、「探す」→「iPhoneを探す」**がオンになっているかどうか確認します。

「デバイスを探す」がオンになっていることを確認する

紛失したスマホを見つける

紛失したスマホを見つけるには、インターネットに接続できるスマホやタブレット、パソコンのブラウザを利用します。また、紛失したスマホで利用していたGoogleアカウントまたはAppleアカウントが必要になります。「Chrome」や「Safari」を起動して、紛失したスマホのアカウントでログインします。

手順 ①

別のスマホやパソコンでブラウザを起動し、Androidの場合は、検索窓に「android.com/find」と入力する。紛失したスマホのGoogleアカウント（メールアドレス）とパスワードを入力して、ログインする。

手順 ②

スマホがある場所が表示される。「音を鳴らす」で、スマホからアラームを鳴らすこともできる。その他、「デバイスを保護」でロックをかけたり、「デバイスを初期状態にリセット」したりすることもできる。

iPhoneの場合は、**他のスマホやパソコンから「icloud.com」にアクセス**し、Appleアカウントでログインします。▦をタップし、「場所を探す」をタップします。再度Appleアカウントでログインすれば、スマホがある場所が表示されます。

この方法で見つけられなかった場合でも、日本国内であれば、警察や交通機関などから連絡が来ることもあります。また、中に入っているSIMカードがあれば、所有者がわかります。**警察署へ遺失届を出しておく**とよいでしょう。

スマホは紛失しても見つけ出せる可能性が高い。あきらめないようにしよう！

9-03　スマホをなくしても見つけられるって本当？

04 スマホのデータをバックアップ・引っ越しするには？

 バックアップには、クラウドかmicroSDが便利です。スマホを買い替えたときは、データの引っ越しが必要になります。

スマホが故障したり紛失したりしたときのために、データのバックアップを取っておきましょう。また、スマホを買い替えるときは、**データの移行が必要**です。スマホのバックアップ・データ移行には、クラウド（P.180）を利用する方法とmicroSDカードを利用する方法があります。**写真や連絡先といったファイルはもちろんのこと、アプリや設定といったスマホの環境全体のバックアップ**ができます。

代表的なクラウドサービスに、Androidの「Googleドライブ」やiPhoneの「iCloud」があります。docomoやauといった携帯通信会社も、クラウドのサービスを提供しています。バックアップの対象となるデータには、次のようなものがあります。なお、「LINE」アプリのトーク履歴やPayPayなど決済アプリのアカウントは、個別にバックアップする必要があります。

- 写真
- 連絡先
- ブラウザのお気に入り
- アプリ
- 設定
- メール（送信メッセージ・受信メッセージ）

> **コラム　iPhoneの「クイックスタート」**
>
> iPhoneの場合、古いiPhoneと新しいiPhoneが手元にあれば、iCloudを使わずにかんたんにデータを移行することができます。新しいiPhoneの電源を入れ、古いiPhoneに近づけると、新しいiPhoneの画面にデータ移行を行うかどうかのメッセージが表示されます。移行の際には、古いiPhoneと新しいiPhoneの両方が同じWi-Fiに接続されている必要があります。

第9章　安全とセキュリティの「困った！」「わからない！」に答える

クラウドによるバックアップと復元

クラウドを利用してバックアップを行う場合、古いスマホの側でバックアップの設定を確認します。**「設定」アプリの「システム」→「バックアップ」**の順にタップして、バックアップの設定がオンになっているかどうかを確認します。オフになっている場合はオンにして、バックアップを行います。正しくバックアップされなかった場合は、再度バックアップの操作を行いましょう。それでもうまくいかない場合は、Wi-Fiの接続状況やクラウド容量の確認、アカウントの状態（P.31）を確認しましょう。

正しくバックアップされているかどうかを確認する

古いスマホでクラウドへのバックアップがオンになっていた場合は、以下の方法で新しいスマホでの復元の操作を行います。

手順①
「設定」アプリをタップし、「パスワードとアカウント」→「アカウントを追加」をタップする。iPhoneの場合は「設定」アプリの「iPhoneにサインイン」をタップする。

手順②
「Google」をタップし、Googleアカウントのメールアドレスとパスワードを入力する。iPhoneの場合は、Apple IDとパスワードを入力する。

手順 ③

「アカウントの同期」で、同期したい項目をオンにする。オンにした項目が、新しいスマホで復元される。

microSDによるバックアップと復元

microSDを使ったデータの引っ越しは、古いスマホのデータをmicroSDにコピーし、そのmicroSDを新しいスマホに挿入して行います。クラウドに比べると難易度が高いですが、引っ越すデータの容量が大きかったり、ガラケーから引っ越したりする場合はこの方法を使います。なおmicroSDを使った方法では、アプリや設定の復元はできません。また、iPhoneにはmicroSDを挿入できないので、この方法は利用できません。

手順 ①

古いスマホにmicroSDカードを挿入する。「Files」アプリをタップする。

手順 ②

バックアップするファイル（画像、動画、音楽など）をタップする。ここでは「画像」をタップする。

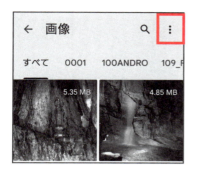

手順 ❸

写真の一覧が表示される。写真を長押しするか、⋮をタップする。

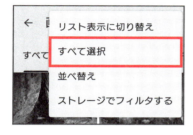

手順 ❹

「すべて選択」をタップする。写真にチェックマークが入る。⋮をタップし、「コピー」をタップする。「SDカード」をタップする。

手順 ❺

バックアップするSDカード内のフォルダをタップし、「ここにコピー」をタップする。動画や音楽などバックアップしたい項目について、同様の操作を繰り返す。

手順 ❻

移行先の新しいスマホに、microSDカードを挿入する。「Files」アプリをタップし、上にスライドして「SDカード」をタップする。

手順 7

引越しをしたいフォルダの ︙ →「コピー」をタップする。

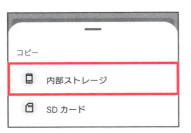

手順 8

「内部ストレージ」をタップする。

手順 9

コピーしたいフォルダ（写真なら「Pictures」、動画なら「Movies」など）をタップし、「ここにコピー」をタップする。

スマホ内の写真や連絡先、アプリのバックアップや引っ越しは、クラウドが便利！

セキュリティ 05 古いスマホはどうやって捨てるの？

スマホの廃棄は、携帯通信会社や自治体が行っています。

古くなったスマホは、**自宅や外出先にWi-Fi接続（P.32）の環境があれば、そのまま使い続けられます**。もう必要ないという場合は、家族や友人に譲る、廃棄する、携帯通信会社の下取りプログラムを利用する、のいずれかになります。

廃棄する場合は、**小型家電としてごみの収集日に廃棄**するか、携帯通信会社や一部の**家電量販店に渡してリサイクル**してもらいます。携帯通信会社の下取りプログラムは、新しいスマホの購入時に古いスマホを引き取ってもらい、その代金やポイントを受け取るサービスのことです（P.217）。

スマホの初期化

スマホを廃棄する場合は、処分する前に必ず初期化して、個人情報を消去しておきましょう。スマホに**SDカードやSIMカードが残っていないか**どうか、必ず確認します。Androidの初期化は、**「設定」アプリの「システム」→「リセットオプション」**をタップして行います。「すべてのデータを消去」をタップすると、初期化できます。**iPhoneの場合は、「設定」アプリの「一般」→「転送またはiPhoneをリセット」→「すべてのコンテンツと設定を消去」**の順にタップします。

リセット オプション
モバイル ネットワークの設定をリセットする
Bluetooth と Wi-Fi のリセット
アプリの設定をリセット
すべてのデータを消去 （初期設定にリセット）

すべての写真、データ、個人情報を消す

9-05 古いスマホはどうやって捨てるの？ 225

セキュリティ 06 ウイルスが心配！セキュリティアプリは必要？

スマホにも、セキュリティアプリを入れておこう。標準で入っていることも多いです。

スマホには、メールや連絡先などの個人情報の他、決済やマイナンバーなどの情報が含まれています。そのため、セキュリティアプリを利用して安全性を高めておくのがおすすめです。セキュリティアプリが最初から入っている場合もありますが、起動したことがなかったり、設定をしていなかったりする場合もあります。インストールされているか確認し、インストールされていれば、**起動して設定**を行いましょう。

【セキュリティアプリの種類と対策】

アプリ名 (会社名)	あんしん セキュリティ (NTTドコモ)	ウイルス バスター (トレンドマイクロ)	モバイル セキュリティ (ノートン)	ESET モバイル セキュリティ (Canon)	セキュリティ One (Softbank)
特徴	4社6つの サービスを 利用可能 docomo ユーザー向け	実績豊富	高い検出率と 信頼性を持ち、 PC版との連携 による保護	軽量で高速 フィッシング対策 バッテリー消費 が少ない	ソフトバンク ユーザー向け 簡単に利用開 始できる
ウイルス	○	○	○	○	○
危険サイト	○	○	○	×	○
迷惑電話	○	○	×	×	○
迷惑メール	○	○	×	○	○
危険Wi-Fi	○	○	○	×	○
不正アプリ 検知	○	○	○	○	×
紛失対策	×	○	○	○	×
個人情報 保護	○	○	○	○	○

セキュリティアプリの安全性

 iPhoneはウイルスに感染しないって本当？

現在はウイルスだけではなく、**さまざまな手口の攻撃が増加**しています。iPhoneの場合、Androidと比較してウイルスに感染しにくいと言われていますが、次のような危険はiPhoneでも変わりません。

- 偽の広告
- 迷惑メール
- アプリ
- なりすまし

これらの危険に対して、常日頃から、次のような安全への意識を怠らないようにしましょう。

- スマホやアプリを最新の状態に保ち、バックアップを心がける
- パスワードの使い回しを避け、2要素認証などを設定する
- メールやメッセージ内のリンクをタップしない
- ショートメールに届いた番号やコンビニで購入したカードの番号は家族や友人にも教えない
- アプリの個人情報や機能へのアクセスを確認する
- 使わなくなったアプリやアカウントは削除する
- 家族や友人にも安全へ意識を高めるよう話し合う

保険への加入も検討しよう

携帯通信会社には、ネットトラブルの際の補償や、**不正決済の補償をしてくれるサービス**もあります。QRコード決済やクレジットカードも補償の対象になるサービスがあるため、携帯通信会社に確認してみましょう。

 **スマホにまつわるいろいろな危険を知って、セキュリティの意識を高めよう。**

セキュリティ 07 インターネットに書かれていることは正しいの？

インターネットの情報にウソが多いというのは本当です。

インターネットでは誰でも情報発信できてしまうので、何かの意図があってウソの情報を流そうと思えば、いくらでもできてしまいます。2016年の第45代アメリカ大統領選挙では、ウソの情報を流して莫大な広告収入を得た若者が話題になりました。Wikipediaと呼ばれるインターネットでの百科事典でも、**内容に偏りがあったり、まちがいが含まれていたり**することがあります。生成AIが出してくる答えにも、ウソの情報が混ざっていることがあります。インターネットで調べた情報が正しいかどうか、必ず確認しましょう。

東京都に大阪村はない

ファクトチェック

インターネットやAIには、まちがった情報や偏見による情報が少なくありません。すぐに信用せずに、次の方法でチェックするようにしましょう。

■ **別のホームページを確認する**

調べた情報について複数のホームページを見て比較し、同じことが書かれていれば、信憑性の高い情報です。また、**情報の出典元が紹介されている**かどうかも確認しましょう。

■ 古い情報でないか確認する

変化が激しいインターネットの技術など、古い情報がそのまま放置されていることがあります。ホームページの**更新日時を見て、最新の情報かどうか**を確認しましょう。

■ 本・雑誌・辞書との比較

一般の本や雑誌、辞書などの情報と比較・検討することはとても重要です。

■ AIでファクトチェックを実行する

P.157の方法で、ファクトチェックを実行します。できれば複数のAIを使って行うのがおすすめです。

なお、総務省から提供されている以下のページでは、ニセ情報、誤情報、悪意のある情報のちがいなどがわかりやすく解説されています。ぜひ参考にしてみてください。

上手にネットと付き合おう！安心・安全なインターネット利用ガイド | 総務省

https://www.soumu.go.jp/use_the_internet_wisely/special/nisegojouhou/

インターネットの情報は、常に信憑性を疑うようにしよう。

セキュリティ 08 子どもにスマホを渡すときの注意点は？

はじめてインターネットに触れる子どもへのスマホの渡し方には、細心の注意を心がけましょう。

インターネットでは、本人が意図せず、不適切な画像や有害な情報に触れてしまうことがあります。正しい情報かどうかを判断することも、子どもには難易度が高いでしょう。スマホは使用している様子を隣で確認しにくく、親のチェックも甘くなりがちです。スマホには、**有害サイトをブロックするフィルタリングや、使用時間を制限するスクリーンタイム**の機能があります。以下の方法を参考に、活用してみましょう。一方、子どもの判断力や現実に対処する力を養うため、あえてフィルタリングを利用せずに対処方法を一緒に学んでいくのも1つの方法です。家族の間で話し合うことも大切です。

手順 ①
「設定」アプリの「Digital Wellbeingと保護者による使用制限」をタップする。iPhoneの場合は「スクリーンタイム」をタップする。

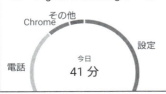

手順 ②
「保護者による使用制限を設定する」→「使ってみる」をタップする。iPhoneの場合は「ファミリーのスクリーンタイムを設定」→「続ける」をタップする。指示に従って設定を進める。

閲覧履歴の確認方法

子どものスマホの閲覧履歴は、ブラウザ（「Chrome」）を起動し、︙→［履歴］をタップすることで確認できます。iPhoneの「Safari」では▭→🕘を順にタップします。

コラム

13歳の息子へ　iPhoneの使用契約書

「13歳の息子へ　iPhoneの使用契約書」は、インターネットで話題になった、母親が息子にiPhoneをプレゼントした際の愛ある契約書です。コミュニケーションをとりながら親子でルールを決め、守らなければ厳しく…というよい例です。詳しくは、検索してみてください。

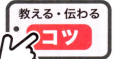

履歴を見ていることを伝え、さまざまな現実への対処方法を学んでいく機会にしよう。

セキュリティ 09 ロックNoを忘れて、ロックを解除できない！

パスワードを覚えていれば「デバイスを探す」、覚えていない場合はリカバリーモードがおすすめです。

パスワードを忘れてロックを解除できなくなった場合、2つの対処方法があります。1つは、**「デバイスを探す」からパスワードを変更する**方法。もう1つが、**リカバリーモードを使ってスマホを初期化する**方法です。Googleアカウントのパスワードを覚えている場合は、「デバイスを探す」がおすすめです。P.218の方法で別のスマホやパソコンから「デバイスを保護」にログインし、ロックNo.やパスワードを変更します。ただし、この方法はAndroidでしか利用できません。

「デバイスを探す」から、ロックを解除できる

リカバリーモードを使う

Googleアカウントのパスワードを覚えていない場合や、「デバイスを探す」を利用できない場合は、リカバリーモードでスマホを初期化し、バックアップデータ（P.220）を復元することで、再度使えるようになります。ただし、**バックアップデータがない場合は、データを復元できません。初期化は、万一の場合の最終手段**です。初期化の前に、必ずバックアップのデータがあることを確認しておきましょう。

手順 ①

スマホの電源を切る。電源ボタンと音量を下げるまたは上げるボタンを同時に長押しする。この方法は機種によってちがう。

手順 ②

スマホがリカバリーモードになる。音量の上下のボタンを押して「Wipe data/factory reset」を選択し、電源ボタンで決定する。

手順 ③

スマホの初期設定時に、アカウントのバックアップから復元する。

iPhoneの場合、リカバリーモードにするにはパソコンへの接続と最新のiTunesが必要です。**パソコンに接続し、iPhoneの電源を切った状態で「音量を上げる」**ボタンを押して、離し、**続けて「音量を下げる」**ボタンを押して離した後、音符のマークと充電ケーブルが表示されるまで**「電源」**ボタンを押し続けます。

ロックの解除ができなくなった場合は、「デバイスを探す」か「初期化」の2つの方法がある。

セキュリティ 10 アカウントが乗っ取られた？どうすればよい？

乗っ取られたアカウントにもよりますが、取り返せないものも少なくありません。

使っていたサービスが急に使えなくなる。利用していない時間に、サービスへのログイン通知が届いた。覚えのない注文履歴があった。こういった場合は、アカウントの乗っ取りが考えられます。まずは、正常にログインできるか試みてみましょう。アカウントにログインができない場合、アカウントの復旧ページを利用するか、P.12のパスワードを忘れた場合を参考に、登録した電話番号やメールアドレスを利用して、復旧を試みます。これらを試して、うまくいかない場合は、すぐにP.40の相談先を利用しましょう。アカウントがGoogleアカウント、Apple IDやAmazonの場合は、サポートに連絡して、復旧できる場合があります。Microsoft、Facebook、Instagramにはサポートセンターがないため、復旧の難易度は高いです。利用を続けたい場合は、新しいアカウントを作成して、やり直しとなります。

なお、インターネットの利用では、さまざまなトラブルがあります。どうしても解決できない場合や、心配で安心したい場合は、各専門機関に相談しましょう。

Googleアカウントの復旧画面。ブラウザから利用した場合

■ 警視庁総合相談センター
03-5805-1731／#9110

■ 消費者ホットライン（全国共通）
188

サービスごとにちがうパスワードを決めるコツはあるの？

アカウントが乗っ取られた場合、すべてのサービスで同じパスワードにしていると、他のサービスも悪用されてしまう恐れがあります。そこで、サービスごとに、異なるパスワードを設定しておきましょう。また、パスワードをメモする際には、パスワードをそのまま記載せずに、「最初に飼ったペットの名前」＋「郵便番号」などのようにヒントのみを残しておくと、より安全です。

【Googleアカウントのパスワードとヒントの例】
Googleの1文字目のG」＋「最初に飼ったペットの名前」＋「郵便番号」
G donko 162-0846

パスワードが決められない場合、生成AIを使う方法やランダムにパスワードを作ってくれるサービスもあります。

トレンドマイクロのパスワード生成

コラム アカウントを守る仕組み

スマホには、パスワードや顔認証の他、ショートメールに数桁の認証番号が届く2要素認証やアプリによる認証があります。しかし、メールやメッセージに届いた認証番号を他人に教えてしまうとアカウントを乗っ取られてしまいます。「番号を教えて欲しい」と言われても、家族や友人でも絶対に教えないようにしましょう。
また、Androidの「設定」アプリで、「セキュリティ診断」と検索するかiPhoneの「設定」アプリで「プライバシーとセキュリティ」→「個人情報安全性チェック」を順にタップすると、安全性のチェックができます。

 **アカウントが乗っ取られた場合のリスクも考えて、パスワードを設定しよう。**

9-10 アカウントが乗っ取られた？どうすればよい？　235

やがて…

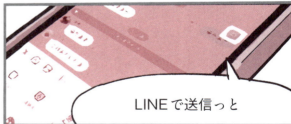

あ！
ちょうど、わからないことがあったから…

スクショして…

LINEで送信っと

さっそく返事があった

Index
索引

英数字

＋メッセージ	122
3ボタンナビゲーション	53
4G	51
50音	83
5G	51
AirDrop	128
Android	42, 46
App Store	90
Apple	42
Apple Store	40
Bluetooth	81
ChatGPT	154
Chrome	147
Copilot	154
「Files」アプリ	182
Gemini	66, 154
Gmail	21, 120
Google	42
Googleアシスタント	66
Googleドライブ	180, 184
iCloud	180, 184
iOS	42
iPhone	42, 46
LINE	117, 132
microSD	222
MNO	50
MVNO	50
OKグーグル	66
OS	42
PayPay	204
Playストア	90
QRコード	149
Quick Share	128
Safari	147
SDカード	172
SIM	50
Siri	67
SMS	116
URL	148
Wi-Fi	32
Yahoo!ショッピング	160
YouTube	100, 127

あ行

アカウント	12, 234
明るさのレベル	61
アシスタント	66
圧縮ファイル	141
アップデート	29
アプリ	56, 90, 92, 94, 96, 104, 106, 110, 112
アプリ一覧	53
アプリドロワー	53
アプリ内広告	31
アンインストール	106
移行	220
イヤホン	80
印刷	198
インストール	90
ウィジェット	58
ウイルス	18, 226
閲覧履歴	147, 231
オークション	158
お気に入り	151
音楽	190
音声入力	86
音量	34

か行

顔認証	214
課金	103
確定申告	208
格安SIM	50, 71
型落ち	49
家電量販店	40
「カメラ」アプリ	170
カメラの性能	48
画面サイズ	48
画面消灯	60
カレンダー	96
既読	117
キャッシュ	147
キャリア	50
キャリア決済	166
共有	126, 130
許可	26, 28
緊急時	210
緊急連絡先	210
銀行振込	167
クイック設定パネル	53, 63
クラウド	31, 180
グルーミング	19
クレジットカード	167
携帯ショップ	40
携帯通信会社	50
ゲーム	101
決済サービス	167
健康被害	212
検索	104, 152, 160
検索履歴	88
広告メール	21
更新	26, 29
語学学習	102
故障	216
個人情報	192
子ども	230
コピー	24
ゴミ箱	188
コントロールセンター	55, 63
コンビニ決済	167

さ行

災害時	210
サインアップ	13
削除	188
差し込み口	45
サブスクリプション	103, 108
サポート詐欺	18
シェアSIM	71
自動回転	62
指紋認証	214
写真	118, 128, 170, 172, 182
充電	38
充電ケーブル	45
周辺機器	194
住民票	206
仕様	45

初期化 ………………… 225	電話番号 ……………… 72	紛失 …………………… 218
スクリーンショット ………… 22	動画 …………… 118, 127	文書作成 ……………… 186
スクリーンセーバー ……… 61	ドキュメント …………… 186	ヘイグーグル …………… 66
スクリーンタイム ………… 230	友達申請 ……………… 125	ペースト ………………… 24
スタンプ ……………… 135	友達追加 ……………… 133	変換 …………………… 84
スパムメール …………… 20		防災・防犯 ……………… 99
スピーカー ……………… 80	**な行**	「ホーム」アプリ ………… 54
スプレッドシート ………… 186	内蔵ストレージ（内部ストレージ）	ホーム画面 … 52, 55, 56, 150
スペック ………………… 45	……………………… 48, 172	ホームページ …………… 92
スマートウォッチ ………… 200	なりすまし ……………… 19	保険証 ………………… 206
スマートスピーカー ……… 200	入力履歴 ……………… 88	保存容量 …………… 31, 49
スマホ決済 …………… 202	認証コード ……………… 13	翻訳 …………………… 99
スマホの背景 …………… 59	ネットショップ …… 158, 164	
スマホの料金 …………… 70	年金 …………………… 206	**ま行**
生成AI ………………… 154	乗っ取り …………… 19, 234	マイナンバーカード ……… 206
性能 …………………… 45	乗換案内 ……………… 97	マナー ………………… 138
セキュリティアプリ …… 18, 226		マナーモード …………… 35
全角文字 ……………… 85	**は行**	マンガ ………………… 101
ソーシャルログイン ……… 14	バージョン ……………… 43	無線LAN ……………… 32
	ハードウェア …………… 44	迷惑メール …………… 20, 21
た行	廃棄 …………………… 225	メール …………… 116, 120
ダークパターン ………… 19	パスコード ……………… 214	メールアドレス …………… 72
ダークモード …………… 61	パスワード ………… 12, 136	メッセンジャー ………… 117
代金引換 ……………… 167	バックアップ ……… 137, 220	文字サイズ ……………… 64
大容量ファイル送信サービス	バッテリー ……………… 38	文字入力 …………… 82, 84
……………………… 127	バッテリー容量 ………… 48	
チケット ………………… 162	貼り付け ………………… 24	**や行**
着信 …………………… 75, 76	半角文字 ……………… 85	郵便振替 ……………… 167
着信音 ………………… 34	引っ越し …………… 137, 220	容量 …………………… 31
着信拒否 ……………… 78	ビデオ通話 ……………… 142	読み …………………… 84
着信履歴 ……………… 76	ファイル ………………… 182	予約 …………… 162, 164
チャット ………………… 117	ファクトチェック ………… 228	
通信制限 ……………… 69	フィッシング詐欺 ………… 19	**ら行**
通信速度 ……………… 146	フィルタリング ………… 230	らくらくスマホ …………… 46
通信量 …… 31, 32, 68, 146	「フォト」アプリ	リカバリーモード ………… 232
通知 …………………… 36, 135	………… 173, 174, 178, 182	リマインダー …………… 97
通知音 ………………… 34	復元 …………… 188, 221	旅行 …………………… 98, 162
通知センター …………… 55	ブックマーク …………… 151	留守番電話 ……………… 77
通知パネル ……………… 53	部品 …………………… 44	レンズ ………………… 178
デバイスを探す ………… 232	ブラウザ ………………… 147	連絡先 ………………… 76
天気予報 ……………… 99	フリック入力 …………… 82	「連絡帳」アプリ ………… 79
電車 …………………… 162	プリペイドカード ………… 166	ロック解除 ……………… 232
添付ファイル …………… 140	フリマ ………………… 158	ロック画面 ………… 52, 61
電話 …………………… 74, 116	ブルーライトカット ……… 61	ロマンス詐欺 …………… 19
電話サポート …………… 40	ブロック ……… 28, 124, 125	

239

■ プロフィール
たくさがわ つねあき

1977年 東京都西多摩育ち　パソコン教室を運営するかたわら、その経験を生かした著書活動を行う。「これからはじめる超入門」シリーズ、「たくさがわ先生が教える」シリーズ（共に技術評論社）をはじめ、大きな字だからスグわかるiPad入門（マイナビ）などがある。漫画、図解を駆使した"難しいをやさしく"する執筆に定評がある。ITコーディネータ、企業のIT支援も行う。わあん 代表。
ウェブサイト　https://takusa.jp

- ブックデザイン ･･････････････････ 坂本真一郎（クオルデザイン）
- レイアウト・本文デザイン ･････ リンクアップ
- 編集 ･･････････････････････････ 大和田洋平
- 技術評論社Webページ ･･････････ https://book.gihyo.jp/116

■ お問い合わせについて

本書の内容に関するご質問は、下記の宛先までFAXまたは書面にてお送りください。なお電話によるご質問、および本書に記載されている内容以外の事柄に関するご質問にはお答えできかねます。あらかじめご了承ください。

〒162-0846
新宿区市谷左内町21-13
株式会社技術評論社　書籍編集部
「たくさがわ先生が教える　スマホの困った！
お悩み解決　超入門」質問係
FAX番号　03-3513-6183

なお、ご質問の際に記載いただいた個人情報は、ご質問の返答以外の目的には使用いたしません。また、ご質問の返答後は速やかに破棄させていただきます。

たくさがわ先生が教える
スマホの困った！お悩み解決　超入門

2025年4月30日　初版　第1刷発行

著者　　たくさがわつねあき
発行者　片岡　巌
発行所　株式会社技術評論社
　　　　東京都新宿区市谷左内町21-13
　　　　電話 03-3513-6150　販売促進部
　　　　　　 03-3513-6166　書籍編集部
印刷／製本　日経印刷株式会社

定価はカバーに表示してあります。
本書の一部または全部を著作権法の定める範囲を越え、無断で複写、複製、転載、テープ化、ファイルに落とすことを禁じます。

©2025　たくさがわつねあき

造本には細心の注意を払っておりますが、万一、乱丁（ページの乱れ）や落丁（ページの抜け）がございましたら、小社販売促進部までお送りください。送料小社負担にてお取り替えいたします。

ISBN978-4-297-14810-2 C3055
Printed in Japan